コーチと入試対策！ **8日間 完成**

中学1・2年の総まとめ
数学

JN022235

◀ **この本のコーチ**
・健康に気をつけている。
・きれい好き。
・気になることはすぐ調べる。

付録

● **応援日めくり**

０日目 コーチとの出会い

←コーチ？

ある日の
○△中学校の
写真部部室

バタバタバタ…

たたたたいへんだー

なに!?
急に・・・

３年生って…
高校入試
あるじゃん…

部活がたのしすぎて１年生も
２年生も定期テストの前の日
しか勉強してこなかったんだ！
終わったら終わったで見直し
もしないまま遊びに行って
部活ばかり！春休みも冬休
みも部活遊びブカツアソビ
BUKATSUASOBI...
入試なんて…

○○撮影

できないよ〜〜
デキナイヨォォ

できないよ〜！

ちょっ…
ちょっとおちついて

ヒュン
ヒュン
ヒュン

まてよ… 私も
入試対策なんて
何もしていない

ああぁ…

ヒュン
ヒュン
ヒュン

アドバイス
できない…
困った…

え、

ピピーッ!!

スタッ

え、

コーチと入試対策!
8日間完成
中学1・2年の総まとめ
数学?

Point ①

要点 を確認しよう で **最重要事項を確認!**

攻略のカギで
解き方のポイントを
サクッとチェック!

次は穴うめ問題!
ヒントやアドバイス
もついてるよ!

これって
穴うめ終わったら
**解き方の流れの
まとめ** になる!
あとで見直す
のにいいじゃん!

解き方の
イメージが
できる!

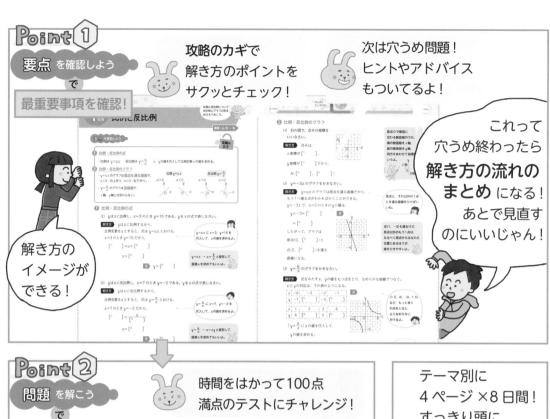

Point ②

問題 を解こう で **実力チェック!**

ゴクリ

時間をはかって100点
満点のテストにチャレンジ!

テーマ別に
4ページ ×8日間!
すっきり頭に
入っちゃうヨ!

あの～

問題集の解答解説
てさ, 途中式が
書いてなくて
イマイチ納得
できないときが
あるんだけど...。

わかる――

ウン
ウン

Point ③

縮刷解答で答え合わせの
モヤモヤをすっきり解決!

途中式や答えまでの
過程も書いてある!

うれしい

ここにも
解説がある ...
なんて
くわしいんだ!

Point ④

点数を
記録して
弱点を発見!

ふりかえり
シート

もあるよ!

8日間 ふりかえりシ

チラリ

Point⑤

応援
日めくり〜〜!

机に飾れる!

今回は
とくべつ
に

耳に
おいて
みました

毎日はげましてくれるんだ!!

テストもあるよ!

ウラにも
何かある!
おもしろい〜〜!

ウラ面
も
見てね
!!

これですっきり
わかっちゃう!!

あこがれの
高校生活への
第一歩だね☆

1日4ページ

1日目〜8日目

要点 を確認しよう

問題 を解こう

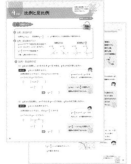

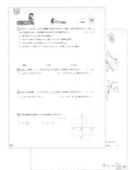

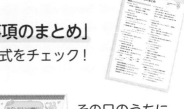

巻末には
「重要事項のまとめ」
定理や公式をチェック!

その日のうちに
「応援日めくり」
で毎日テスト!

「ふりかえり
シート」
で苦手を把握!

正負の数／式の計算

この単元は計算問題が中心だよ。符号のミスに注意しようね。

解答 > p. 2 ～ 3

要点 を確認しよう

攻略の カギ

1 <u>正負の数</u>

正負の数の計算では，**符号**と**絶対値の大きさ**に着目する。

2 <u>式の計算</u>

数×多項式の計算では，**分配法則**を使ってかっこをはずす。$m(a+b)=ma+mb$

1 正負の数

(1) 絶対値が2以下の整数を，小さい順にすべて書きなさい。

解き方 絶対値は2か1か0となる。

絶対値が2の数は， -2 と 2

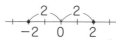

絶対値が1の数は， $[^{①}\quad]$ と 1

絶対値が0の数は， $[^{②}\quad]$

絶対値が2というのは，数直線上で0との距離が2という意味だよ。

これらを小さい順に並べる。

答 $[^{③}\quad]$，$[^{④}\quad]$，$[^{⑤}\quad]$，$[^{⑥}\quad]$，$[^{⑦}\quad]$

(2) $(-5)+(-6)$ を計算しなさい。 ← (負)＋(負)

同符号の2数の和では，絶対値の和に共通の符号をつけよう。

$=-(5+[^{①}\quad])$ ← 絶対値の和に共通の符号「－」をつける。

$=[^{②}\quad]$

(3) $(-9)×3$ を計算しなさい。 ← (負)×(正)

異符号の2数の積では，絶対値の積に負の符号をつけよう。

$=-(9×[^{①}\quad])$ ← 絶対値の積に負の符号「－」をつける。

$=[^{②}\quad]$

(4) $2-(-28)÷(-4)$ を計算しなさい。

除法を計算。

四則の混じった式は，乗法，除法 ➡ 加法，減法の順に計算するよ。

$=2-[^{①}\quad]$

減法を計算。

$=[^{②}\quad]$

❷ 式の計算

(1) $3(2x+3)-4(x-1)$ を計算しなさい。

$= [①\qquad] +9-4x [②\qquad]$ ← 分配法則を使って かっこをはずす。

$= [③\qquad]$ ← 文字の項，数の項を それぞれまとめる。

かっこをはずす ときは，符号に 注意しよう。

(2) $\dfrac{a-b}{2}+\dfrac{a-2b}{3}$ を計算しなさい。

$= \dfrac{3(a-b)}{6}+\dfrac{[①\qquad](a-2b)}{6}$ ← 通分する。

$= \dfrac{3(a-b)+2(a-2b)}{[②\qquad]}$ ← 1つの分数に まとめる。

$= \dfrac{3a-3b[③\qquad]}{6}$ ← かっこをはずす。

$= [④\qquad]$ ← 同類項をまとめる。

分母が2と3の 最小公倍数の6になる ように通分するよ。

－が2個（偶数個） だから，答えの符 号は＋だね。

(3) $5xy\times(-8x^2y)\div(-10xy^2)$ を計算しなさい。

$= \dfrac{[①\qquad]\times8x^2y}{[②\qquad]}$ ← 約分する。

$= [③\qquad]$

まず符号を決めてから，かける式を 分子，わる式を分母において分数の 形にする。

(4) $a=1$，$b=-6$ のとき，$(7a-3b)-(9a-2b)$ の値を求めなさい。

解き方 式を計算してから代入する。

$\quad(7a-3b)-(9a-2b)$

$\quad=7a-3b[①\qquad]$

$\quad=-2a-b$

この式に $a=1$，$b=-6$ を代入すると，

$\quad-2a-b=-2\times[②\qquad]-([③\qquad])$

$\qquad\quad= [④\qquad]$

答 $[⑤\qquad]$

式を簡単にしてから代入 したほうが，代入する回 数が少なくてすむね。

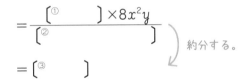

ここで学んだ内容を 次で確かめよう！

問題 を解こう

100点 30分

1 次の計算をしなさい。

5点×6（30点）

(1) $10-(-15)$

(2) $-4-5+8$

(　　　　　)

(　　　　　)

(3) $\dfrac{4}{3}\div\left(-\dfrac{2}{9}\right)$

(4) $-7\times(-3)^2$

(　　　　　)

(　　　　　)

(5) $3+8\times(1-5)$

(6) $\dfrac{1}{2}-4\div(-2)^3$

(　　　　　)

(　　　　　)

2 次の計算をしなさい。

5点×6（30点）

(1) $a-(3a-5)$

(2) $2(6x-7y)+4(x+3y)$

(　　　　　)

(　　　　　)

(3) $\dfrac{9a+b}{10}-\dfrac{a+2b}{5}$

(4) $8x\times\left(-\dfrac{7}{2}xy\right)$

(　　　　　)

(　　　　　)

(5) $(6a)^2\div(-9ab)\times2b$

(6) $-48xy^2\div(-4xy)\div(-15y)$

(　　　　　)

(　　　　　)

> **4** 素因数分解は，自然数を素数（1とその数のほかに約数がない自然数）だけ
> の積で表すことだよ。60を，素数で順にわっていこう。
> **6** 左辺が〔 〕の中の文字になるように，式を変形するんだよ。

3 ある町の今日の最低気温は4℃で，これは昨日の最低気温より6℃高い。昨日の最低気温
を求めなさい。 （5点）

( )

4 60を素因数分解しなさい。 （5点）

( )

5 長さが180cmのテープから，長さが$a$cmのテープを4本切り取ったところ，残りのテープの長さは$b$cmより短くなった。この数量の関係を不等式で表しなさい。 （5点）

( )

6 次の等式を〔 〕の中の文字について解きなさい。 5点×2（10点）

(1) $5x-2y=15$ 〔x〕 (2) $\dfrac{1}{3}xy=7$ 〔y〕

( ) ( )

7 5，6，7や11，12，13のように，連続する3つの整数の和は，3の倍数になる。

このことを説明した次の文の＿＿にあてはまる式を書きなさい。 5点×3（15点）

$$5+6+7=18(=3×6)$$
$$11+12+13=36(=3×12)$$

〔説明〕

連続する3つの整数のうち，最も小さい数をnとすると，連続する3つの整数は，

小さい順に，n，＿＿①＿＿，＿＿②＿＿と表される。この3つの数の和は，

$n+($ ＿①＿ $)+($ ＿②＿ $)=3n+3=$ ＿③＿

$n+1$は整数だから，＿③＿は3の倍数である。

したがって，連続する3つの整数の和は，3の倍数になる。

①( ) ②( ) ③( )

「方程式を解く」とは式を変形して $x=●$ の形にすることだよ。

2日目 方程式

解答 > p. 4 〜 5

要点 を確認しよう

攻略の カギ

1 **1次方程式の解き方**
・左辺が文字の項，右辺が数の項になるように**移項**して整理する。

2 **いろいろな1次方程式**
・かっこをふくむ場合は，**かっこをはずす**。
・分数や小数をふくむ場合は，**両辺に同じ数をかけて**整数だけの式にする。

3 **比例式**
・比例式の性質を利用する。$a:b=c:d$ ならば，$ad=bc$

1 1次方程式の解き方

(1) 方程式 $3x+4=10$ を，等式の性質を利用して解きなさい。

$$3x+4=10$$

$$3x+4-[①\quad]=10-[②\quad]$$

両辺から4をひく。

$$3x=[③\quad]$$

$$\frac{3x}{3}=\frac{[④\quad]}{[⑤\quad]}$$

両辺を3でわる。

$$x=[⑥\quad]$$

等式の性質は基本中の基本だよ。しっかり理解しよう。
$A=B$ ならば，
① $A+C=B+C$
② $A-C=B-C$
③ $AC=BC$
④ $\dfrac{A}{C}=\dfrac{B}{C}$ $(C\neq0)$

(2) 方程式 $2x-13=6x-1$ を解きなさい。

$$2x-13=6x-1$$

$$2x-[①\quad]=-1+[②\quad]$$

-13, $6x$ を移項する。

$$-4x=[③\quad]$$

$ax=b$ の形にする。

$$x=[④\quad]$$

両辺を x の係数でわる。

基本の解き方
❶ x の項を左辺，数の項を右辺に移項する。
❷ $ax=b$ の形にする。
❸ 両辺を a でわる。

❷ いろいろな1次方程式

(1) 方程式 $9(x+2)-7x=8$ を解きなさい。

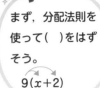
まず，分配法則を使って（ ）をはずそう。
$9(x+2)$

$$9(x+2)-7x=8$$
かっこをはずす。

$$[^① \qquad]-7x=8$$

$$[^② \quad]-7x=8-[^③ \quad]$$
数の項を移項する。

$$2x=[^④ \quad]$$
$ax=b$ の形にする。

$$x=[^⑤ \quad]$$
両辺を x の係数でわる。

(2) 方程式 $\dfrac{1}{4}x-3=-\dfrac{1}{6}x+2$ を解きなさい。

分数の分母が4と6だから，その最小公倍数の12をかけて，係数を整数にするんだね。

$$\frac{1}{4}x-3=-\frac{1}{6}x+2$$
両辺に12をかける。

$$\left(\frac{1}{4}x-3\right)\times12=\left(-\frac{1}{6}x+2\right)\times[^① \quad]$$
かっこをはずす。

$$3x-36=-2x+[^② \quad]$$
-36，$-2x$ を移項する。

$$3x+2x=[^③ \quad]+36$$
$ax=b$ の形にする。

$$5x=[^④ \quad]$$
両辺を x の係数でわる。

$$x=[^⑤ \quad]$$

小数をふくむ場合は，両辺に10や100をかけて，係数を整数にするよ。

❸ 比例式

比例式 $x:6=4:3$ を解きなさい。

$$x:6=4:3$$
比例式の性質を利用して，式を変形する。

$$x\times3=6\times[^① \quad]$$

$$3x=[^② \quad]$$

$$x=[^③ \quad]$$

比例式では，外側の項の積と内側の項の積は等しくなるよ。
$a:b=c:d$ ならば，
$ad=bc$

ここで学んだ内容を次で確かめよう！

問題 を解こう

100点

1 次の方程式を解きなさい。

5点×6（30点）

(1) $x-4=-1$

(2) $-\dfrac{1}{3}x=5$

( )　　　　　　　( )

(3) $4x+10=2$

(4) $3x+7=9x-17$

( )　　　　　　　( )

(5) $6-5x=3x+14$

(6) $-x-8=4-10x$

( )　　　　　　　( )

2 次の方程式を解きなさい。

5点×6（30点）

(1) $7(x-2)=4x-5$

(2) $5x-4(3x+8)=3$

( )　　　　　　　( )

(3) $\dfrac{1}{3}x+2=\dfrac{2}{5}x-1$

(4) $\dfrac{5x-1}{6}=\dfrac{x-3}{2}$

( )　　　　　　　( )

(5) $1.1x-3.8=0.3x+1$

(6) $0.04x+0.1=0.09x+0.6$

( )　　　　　　　( )

4 方程式に x の値を代入して，a についての方程式を解けばいいね。
5 (1) 生徒の人数を x 人として，折り紙の枚数を2通りの式で表そう。
   (2) (道のり)＝(速さ)×(時間)の関係を使おう。

3 次の比例式を解きなさい。   5点×2（10点）

(1) $2 : 7 = x : 28$

(2) $4 : 5 = 6 : (x+5)$

（　　　　　　　）   （　　　　　　　）

4 x についての方程式 $x-3a=3x+2$ の解が $x=5$ であるとき，a の値を求めなさい。 （6点）

（　　　　　　　）

5 次の問いに答えなさい。   8点×3（24点）

(1) 生徒に折り紙を配るのに，1人に5枚ずつ配ると15枚たりないが，1人に3枚ずつ配ると11枚余る。生徒の人数を求めなさい。

（　　　　　　　）

(2) 妹は，1500m離れた駅に向かって家を出発した。その8分後に，妹の忘れ物に気づいた姉が家を出発し，同じ道を自転車で追いかけた。妹は分速60m，姉は分速180mで進むとすると，姉は出発してから何分後に妹に追いつくか求めなさい。

（　　　　　　　）

(3) AとBの2つの箱に，おはじきが80個ずつ入っている。AからBにおはじきを何個か移したところ，AとBのおはじきの個数の比は2：3になった。AからBに移したおはじきの個数を求めなさい。

（　　　　　　　）

3日目 連立方程式

解答 > p. 6 〜 7

要点 を確認しよう

攻略の カギ

① **加減法**

・一方の文字の係数の絶対値が等しいときや簡単に等しくできるときは，**加減法**を使う。

② **代入法**

・$x=\sim$ や $y=\sim$ の形の式があるときは，**代入法**を使う。

③ $A=B=C$ **の形の連立方程式**

・$\begin{cases} A=B \\ A=C \end{cases}$ $\begin{cases} A=B \\ B=C \end{cases}$ $\begin{cases} A=C \\ B=C \end{cases}$ のいずれかの組み合わせで解く。

① 加減法

連立方程式 $\begin{cases} x+y=3 \cdots ① \\ 3x+8y=4 \cdots ② \end{cases}$ を解きなさい。

解き方 式①の両辺に3をかけると，2つの
式でxの係数が等しくなるから，①×3−②で
xを消去できる。

$$①×3 \qquad 3x+3y=[①\qquad]$$

$$② \qquad \underline{-)\ 3x+8y=\qquad 4}$$

$$-5y=[②\qquad]$$

$$y=[③\qquad]$$

$y=[④\qquad]$を①に代入すると，

$$x+([⑤\qquad])=3$$

$$x=3+[⑥\qquad]$$

$$x=[⑦\qquad]$$

基本の解き方

❶ xかyの係数の絶対値を
そろえる。

❷ 2つの式をたすかひくかして，
1つの文字を消去し，
できた1次方程式を解く。

❸ もう一方の解を求める。

xの値を求めるとき，
yの値は①と②のどちらの式に
代入してもいいよ。
計算が簡単にできそうなほうを
選ぼう。

答 $x=[⑧\qquad]$, $y=[⑨\qquad]$

❷ 代入法

連立方程式 $\begin{cases} y=2x-1\cdots① \\ 5x-2y=-1\cdots② \end{cases}$ を解きなさい。

解き方 ①を②に代入すると，

$$5x-2(\begin{bmatrix}① & \end{bmatrix})=-1$$

分配法則を使って
かっこをはずす。

$$5x-4x+\begin{bmatrix}② & \end{bmatrix}=-1$$

$$5x-4x=-1-\begin{bmatrix}③ & \end{bmatrix}$$

$$x=\begin{bmatrix}④ & \end{bmatrix}$$

基本の解き方
❶一方の式を $x=\sim$ か $y=\sim$ の形にする。
❷❶の式をもう一方の式に代入して1つの文字を消去し，できた1次方程式を解く。
❸もう一方の解を求める。

$x=\begin{bmatrix}⑤ & \end{bmatrix}$ を①に代入すると，

$$y=2\times(\begin{bmatrix}⑥ & \end{bmatrix})-1$$

$$y=\begin{bmatrix}⑦ & \end{bmatrix}$$

答 $x=\begin{bmatrix}⑧ & \end{bmatrix}$ ，$y=\begin{bmatrix}⑨ & \end{bmatrix}$

❸ $A=B=C$ の形の連立方程式

連立方程式 $7x+y=3x-y=5$ を解きなさい。

解き方 $\begin{cases} 7x+y=5\cdots① \\ 3x-y=5\cdots② \end{cases}$ を解く。

$$\begin{array}{l} ① \quad\quad 7x+y=\quad 5 \\ ② \quad +)\quad 3x-y=\quad 5 \\ \hline \quad\quad\quad\quad \begin{bmatrix}① & \end{bmatrix}=\begin{bmatrix}② & \end{bmatrix} \\ \quad\quad\quad\quad\quad\quad x=\begin{bmatrix}③ & \end{bmatrix} \end{array}$$

$A=B=C$ の形の連立方程式は，
$\begin{cases}A=B \\ A=C\end{cases}$ $\begin{cases}A=B \\ B=C\end{cases}$ $\begin{cases}A=C \\ B=C\end{cases}$
のどの組み合わせにしてもいいけれど，C が数の項だけの場合は
$\begin{cases}A=C \\ B=C\end{cases}$ が計算しやすいかもね。

$x=\begin{bmatrix}④ & \end{bmatrix}$ を①に代入すると，

$$7\times\begin{bmatrix}⑤ & \end{bmatrix}+y=5$$

$$y=5-\begin{bmatrix}⑥ & \end{bmatrix}$$

$$y=\begin{bmatrix}⑦ & \end{bmatrix}$$

答 $x=\begin{bmatrix}⑧ & \end{bmatrix}$ ，$y=\begin{bmatrix}⑨ & \end{bmatrix}$

ここで学んだ内容を
次で確かめよう！

15

問題 を解こう

100点

1 次の連立方程式を解きなさい。

8点 × 6（48点）

(1) $\begin{cases} x+3y=9 \\ x+y=5 \end{cases}$

(2) $\begin{cases} 4x-y=-5 \\ 5x+2y=-3 \end{cases}$

( ) ( )

(3) $\begin{cases} 6x+7y=12 \\ 2x+3y=8 \end{cases}$

(4) $\begin{cases} -7x+2y=-20 \\ 8x-3y=25 \end{cases}$

( ) ( )

(5) $\begin{cases} 5x-4y=6 \\ y=3x+2 \end{cases}$

(6) $\begin{cases} x=5y-9 \\ -7x+4y=-30 \end{cases}$

( ) ( )

2 次の連立方程式を解きなさい。

8点 × 2（16点）

(1) $\begin{cases} 7x-5(y-8)=8 \\ 2x+y=3 \end{cases}$

(2) $\begin{cases} \dfrac{1}{4}x+\dfrac{1}{2}y=2 \\ 2x-3y=2 \end{cases}$

( ) ( )

> 2 かっこをふくむ式はかっこをはずし，分数をふくむ式は両辺に分母の最小
>   公倍数をかけて整数にしよう。
> 5(2) Aの十の位をx，一の位をyとすると，Aは$10x+y$と表されるね。

---

3 連立方程式 $3x-4y=7x-2y+44=11$ を解きなさい。　　　　　　　　（9点）

（　　　　　　　　　）

4 x，yについての連立方程式 $\begin{cases} ax-by=1 \\ bx+ay=8 \end{cases}$ の解が $x=2$，$y=1$ であるとき，a，bの値を求めなさい。

（9点）

（　　　　　　　　　）

5 次の問いに答えなさい。　　　　　　　　　　　　　　9点×2（18点）

(1) ある博物館の入館料は，おとな2人と子ども5人の場合は2000円，おとな1人と子ども3人の場合は1100円である。この博物館のおとな1人，子ども1人の入館料をそれぞれ求めなさい。

（　　　　　　　　　）

(2) 2けたの正の整数Aがある。整数Aの十の位の数は，一の位の数から5をひいて3倍した値に等しい。また，整数Aの十の位の数と一の位の数を入れかえてできる整数は，Aより9大きい。この整数Aを求めなさい。

（　　　　　　　　　）

3日目 はここまで！

4日目 比例と反比例

比例と反比例について
式の形とグラフの形を
おさえておこう。

解答 > p. 8 ～ 9

要点 を確認しよう

攻略の カギ

1 比例・反比例の式

・比例は $y=ax$　　反比例は $y=\dfrac{a}{x}$　　x, y の値を代入して比例定数 a の値を求める。

2 比例・反比例のグラフ

・$y=ax$ のグラフは**原点を通る直線**で，
$a>0$…右上がり，$a<0$…右下がり。

・$y=\dfrac{a}{x}$ のグラフは**双曲線**で，
x軸，y軸とは交わらない。

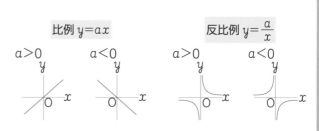

1 比例・反比例の式

(1) y は x に比例し，$x=3$ のとき $y=15$ である。y を x の式で表しなさい。

解き方 y は x に比例するから，

比例定数を a とすると，式は $y=ax$ とおける。

$x=3$ のとき $y=15$ だから，

$$[\,^① \quad\,] = a \times [\,^② \quad\,]$$

$$a = [\,^③ \quad\,]$$

答 $y = [\,^④ \quad\,]$

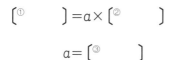
$y=ax$ に $x=3$, $y=15$ を
代入して，a の値を求めるよ。

$y=ax \to a=\dfrac{y}{x}$ と変形して，
直接 a を求めてもいいよ。

(2) y は x に反比例し，$x=7$ のとき $y=-2$ である。y を x の式で表しなさい。

解き方 y は x に反比例するから，

比例定数を a とすると，式は $y=\dfrac{a}{x}$ とおける。

$x=7$ のとき $y=-2$ だから，

$$[\,^① \quad\,] = \dfrac{a}{[\,^② \quad\,]}$$

$$a = [\,^③ \quad\,]$$

答 $y = [\,^④ \quad\,]$

$y=\dfrac{a}{x}$ に $x=7$, $y=-2$ を
代入して，a の値を求めるよ。

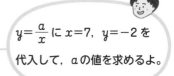
$y=\dfrac{a}{x} \to a=xy$ と変形して，
直接 a を求めてもいいよ。

❷ 比例・反比例のグラフ

(1) 右の図で，点Aの座標を
いいなさい。

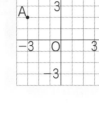

解き方 点Aは，

x座標が〔①　　　〕，

y座標が〔②　　　〕だから，

A(〔③　　　〕，〔④　　　〕)

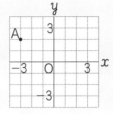
原点Oで垂直に
交わる数直線のうち，
横の数直線をx軸，
縦の数直線をy軸，
両方をあわせて座標軸と
いうよ。

(2) $y=-3x$のグラフをかきなさい。

解き方 $y=ax$のグラフは原点を通る直線だから，
もう1つ通る点がわかればかくことができる。

$y=-3x$で，$x=2$のときのyの値は，

$y=-3\times〔①　　　〕$

　$=〔②　　　〕$

したがって，グラフは

原点(0，〔③　　　〕)と

点(2，〔④　　　〕)を通る

直線になる。

答

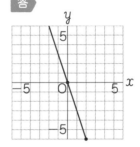

原点と，それ以外の1点
とを通る直線をひけばい
いね。

点(1，−3)も通るけど，
原点以外のもう1点は，
なるべく原点からはなれた
位置にあるほうが，
線をひきやすいよ。

(3) $y=\dfrac{6}{x}$のグラフをかきなさい。

解き方 式をみたすx，yの値をもつ点をとり，なめらかな曲線でつなぐ。

xとyの対応は，下の表のようになる。

x	−6	−3	−2	−1
y	−1	〔①　　〕	−3	〔②　　〕

x	1	2	3	6
y	6	〔③　　〕	2	〔④　　〕

↑$y=\dfrac{6}{x}$にxの値を代入して，

yの値を求める。

答

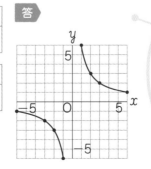

(1.5，4)，(4，1.5)
など，もっと多く
の点をとると，
よりなめらかに
かけるよ。

ここで学んだ内容を
次で確かめよう！

19

問題を解こう

100点 ③⓪分

1 次のア～エのうち，yがxの関数であるものをすべて選び，記号で答えなさい。また，yがxに比例するもの，反比例するものをそれぞれ選びなさい。 5点×3（15点）

ア　周の長さが$x$cmの長方形の面積$y$cm²

イ　40kmの道のりを時速$x$kmで進むときにかかる時間y時間

ウ　500gの箱にxgの荷物を入れたときの全体の重さyg

エ　空の水そうに毎分7Lずつ水を入れるとき，x分間にたまる水の量yL

関数（　　　　　）　比例（　　　　　）　反比例（　　　　　）

2 yはxに比例し，$x=-6$のとき$y=24$である。次の問いに答えなさい。 5点×2（10点）

(1)　yをxの式で表しなさい。　　(2)　$x=8$のときのyの値を求めなさい。

（　　　　　）　　　　（　　　　　）

3 yはxに反比例し，$x=10$のとき$y=\dfrac{1}{2}$である。次の問いに答えなさい。 5点×2（10点）

(1)　yをxの式で表しなさい。　　(2)　$x=-5$のときのyの値を求めなさい。

（　　　　　）　　　　（　　　　　）

4 次の比例や反比例のグラフを右の図にかきなさい。 5点×2（10点）

(1)　$y=\dfrac{3}{4}x$　　　(2)　$y=-\dfrac{4}{x}$

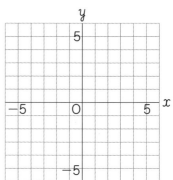

5 右の図について，次の問いに答えなさい。　　10点×2（20点）

(1)　グラフが直線①のようになる比例の式を求めなさい。

（　　　　　　　　　　）

(2)　グラフが双曲線②のようになる反比例の式を求めなさい。

（　　　　　　　　　　）

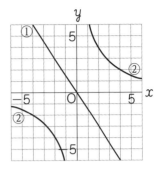

6 右の図のように，比例 $y=2x$ のグラフと反比例 $y=\dfrac{a}{x}(a>0)$

のグラフが点Pで交わっている。点Pの y 座標が6のとき，次
の問いに答えなさい。　　10点×3（30点）

(1)　点Pの x 座標を求めなさい。

（　　　　　　　　　　）

(2)　a の値を求めなさい。

（　　　　　　　　　　）

(3)　$y=\dfrac{a}{x}$ で，x の変域が $-9\leqq x\leqq -4$ のときの y の変域を求めなさい。

（　　　　　　　　　　）

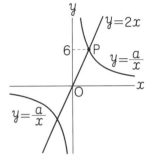

7 ロープのたばから2mのロープを切り取って，その重さをはかったところ70gだった。
残ったロープの重さが1.4kgのとき，残ったロープの長さは何mと考えられるか。　（5点）

（　　　　　　　　　　）

5日目 1次関数

1次関数の式を求める
いろいろな方法を練習
しよう。

要点 を確認しよう

攻略の
カギ

1 1次関数の式とグラフ

・式は $y=ax+b$　　$a=$(変化の割合)$=\dfrac{(y\text{の増加量})}{(x\text{の増加量})}$ で，1次関数では一定。b は定数。

・$y=ax+b$ のグラフは**傾き a，切片 b の直線**。$a>0$…右上がり，$a<0$…右下がり。

2 1次関数の式の求め方

・グラフの傾きと1点の座標から…傾きを a として，$y=ax+b$ **に1点の座標の値を代入**。

・グラフが通る2点の座標から…2点の座標から，**まず傾きを求める。**（方法1）
　　　　　　　　　　　　　　　2点の座標から，**連立方程式**をつくり解く。（方法2）

1 1次関数の式とグラフ

(1) 1次関数 $y=2x+7$ で，x の増加量が4のときの y の増加量を求めなさい。

解き方　1次関数 $y=ax+b$ では，

$(y\text{の増加量})=a\times\left(\begin{array}{c}^{①}\end{array}\right)$

だから，y の増加量は，

$2\times\begin{bmatrix}^{②}\end{bmatrix}=\begin{bmatrix}^{③}\end{bmatrix}$

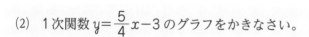

a は変化の割合だから，

$a=\dfrac{(y\text{の増加量})}{(x\text{の増加量})}$ を変形すればいいね。

(2) 1次関数 $y=\dfrac{5}{4}x-3$ のグラフをかきなさい。

解き方　傾きが $\dfrac{5}{4}$ で，切片が -3 の直線になる。

切片が -3 だから，点$(0,\begin{bmatrix}^{①}\end{bmatrix})$ を通る。

傾きが $\dfrac{5}{4}$ だから，点$(0,-3)$ から

右へ4，上へ$\begin{bmatrix}^{②}\end{bmatrix}$進んだ

点$(\begin{bmatrix}^{③}\end{bmatrix},\begin{bmatrix}^{④}\end{bmatrix})$を

通る。したがって，グラフは
2点$(0,-3)$，$(4,2)$を通る
直線になる。

まず，切片に注目だね。
切片は，グラフが y 軸と
交わる点の y 座標だよ。

答

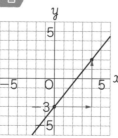

傾きが分数のときは，
右へ分母の数だけ進むと
上へ分子の数だけ進むよ。

分子
分母

❷ 1次関数の式の求め方

(1)　グラフの傾きが$-\dfrac{1}{2}$で，点(4, 3)を通る1次関数の式を求めなさい。

解き方　グラフの傾きが$-\dfrac{1}{2}$

だから，1次関数の式は

$$y=\left[^{①}\qquad\right]x+b$$

とおける。

グラフは点(4, 3)を通るから，上の式に

$x=\left[^{②}\qquad\right]$，$y=\left[^{③}\qquad\right]$を代入すると，

$$\left[^{④}\qquad\right]=-\dfrac{1}{2}\times\left[^{⑤}\qquad\right]+b$$

これを解いて，$b=\left[^{⑥}\qquad\right]$

答　$y=\left[^{⑦}\qquad\right]$

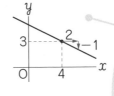

基本の解き方

傾きと1点の座標から式を求める

❶ 傾きをaとして式を$y=ax+b$とおく。

❷ 式のx，yに1点の座標の値を代入してbを求める。

切片と1点の座標がわかっている場合も，同じようにして計算できるよ。

(2)　グラフが2点(1, 3)，(4, 9)を通る1次関数の式を求めなさい。

解き方　2点(1, 3)，(4, 9)を通るから，

グラフの傾きは，

$$\dfrac{9-3}{4-1}=\dfrac{\left[^{①}\qquad\right]}{3}=\left[^{②}\qquad\right]$$

したがって，1次関数の式は

$$y=\left[^{③}\qquad\right]x+b$$

とおける。

グラフは点(1, 3)を通るから，上の式に

$x=\left[^{④}\qquad\right]$，$y=\left[^{⑤}\qquad\right]$を代入すると，

$$\left[^{⑥}\qquad\right]=2\times\left[^{⑦}\qquad\right]+b$$

これを解いて，$b=\left[^{⑧}\qquad\right]$

答　$y=\left[^{⑨}\qquad\right]$

基本の解き方

2点の座標から式を求める

❶ $\dfrac{y\text{の増加量}}{x\text{の増加量}}$から傾き$a$を求める。

❷ $y=ax+b$のaに❶で求めた値を入れた式をつくる。

❸ 式のx，yにどちらか1点の座標の値を代入してbを求める。

$y=ax+b$に2点の座標の値を代入して，

連立方程式$\begin{cases}3=a+b\\9=4a+b\end{cases}$

を解いてもいいよ。

ここで学んだ内容を次で確かめよう！

問題 を解こう

100点　30分

1 1次関数 $y=-7x+5$ について，次の問いに答えなさい。

5点×2（10点）

(1) 変化の割合をいいなさい。

（　　　　　　）

(2) x の増加量が3のときの y の増加量を求めなさい。

（　　　　　　）

2 1次関数 $y=-\dfrac{2}{3}x-1$ について，次の問いに答えなさい。

5点×2（10点）

(1) 右の図に，この関数のグラフをかきなさい。

(2) x の変域が $-3\leqq x\leqq 6$ のとき，y の変域を求めなさい。

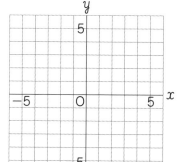

（　　　　　　）

3 右の図は，1次関数 $y=ax+b$ のグラフを表したものである。次のア〜エのうち，a，b の正負について正しく表しているものを1つ選び，記号で答えなさい。 （10点）

ア $a>0$，$b>0$　　イ $a>0$，$b<0$
ウ $a<0$，$b>0$　　エ $a<0$，$b<0$

（　　　　　　）

4 右の図は，ある1次関数のグラフである。この1次関数の式を求めなさい。 （10点）

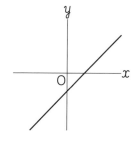

（　　　　　　）

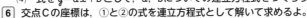

5 (1) 切片が−4のとき，$y=ax+b$ のどの値がきまるかな？
 (4) 式を $y=ax+b$ として，a，b についての連立方程式をつくろう。
6 交点Cの座標は，①と②の式を連立方程式として解いて求めるよ。

---

5 次の1次関数や直線の式を求めなさい。　　　　　　　　　10点×4（40点）

(1) グラフが点(2，6)を通り，切片が−4である1次関数

　　　　　　　　　　　　　　　　　　　　　　　　（　　　　　　　）

(2) 直線 $y=-3x+1$ に平行で，点(−2，−1)を通る直線

　　　　　　　　　　　　　　　　　　　　　　　　（　　　　　　　）

(3) 2点(−4，5)，(8，−4)を通る直線

　　　　　　　　　　　　　　　　　　　　　　　　（　　　　　　　）

(4) $x=2$ のとき $y=11$，$x=-3$ のとき $y=-\dfrac{3}{2}$ である1次関数

　　　　　　　　　　　　　　　　　　　　　　　　（　　　　　　　）

6 右の図の直線①の式は $y=-x+6$，直線②の式は $y=3x-2$ である。直線①と y 軸の交点をA，直線②と y 軸の交点をB，直線①と直線②の交点をCとする。次の問いに答えなさい。

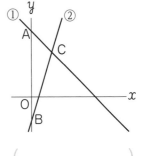

　　　　　　　　　　　　　　　　　　10点×2（20点）

(1) 直線②と x 軸の交点の座標を求めなさい。

　　　　　　　　　　　　　　　　　　　　　　　　（　　　　　　　）

(2) △ABCの面積を求めなさい。

　　　　　　　　　　　　　　　　　　　　　　　　（　　　　　　　）

作図や立体の体積，表面積など1年生の図形をまとめるよ。

6日目 平面図形/空間図形

要点 を確認しよう

攻略の
カギ

1 平面図形

・作図の問題では，基本の作図を利用したり，組み合わせたりすることが多い。

　例 線分の中点…<u>垂直二等分線</u>を利用する。三角形の高さ…<u>垂線</u>を利用する。

・おうぎ形の弧の長さ…$\ell = 2\pi r \times \dfrac{a}{360}$，面積…$S = \pi r^2 \times \dfrac{a}{360}$　（半径r，中心角$a°$）

2 空間図形

・角柱・円柱の体積…$V = Sh$（底面積S，高さh），表面積…（側面積）＋（底面積）×2

・角錐・円錐の体積…$V = \dfrac{1}{3}Sh$（底面積S，高さh），表面積…（側面積）＋（底面積）

・球の体積…$V = \dfrac{4}{3}\pi r^3$，表面積…$S = 4\pi r^2$　（半径r）

1 平面図形

(1) 右の図で，線分ABの中点Pを作図
によって求めなさい。

A———————B

解き方　線分ABの [① 　　　　　　　　　　] をひいて，

中点は線分を2等分する点ということから考えよう。

線分ABとの交点をPとすればよい。次の手順で作図する。

① 点Aを中心として円をかく。

② 点 [② 　　] を中心として，

　①と同じ半径の円をかく。

③ 2つの円の交点を通る直線をひいて，

　線分 [③ 　　] との交点にPと書く。

 答

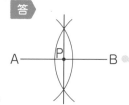

・は入れなくてもいいよ。でもPの文字は必ず書くこと。

(2) 半径が6cm，中心角が120°のおうぎ形の弧の長さを求めなさい。

解き方　おうぎ形の弧の長さは中心角に比例するから，

$2\pi \times$ [① 　　] $\times \dfrac{[② \quad]}{360}$

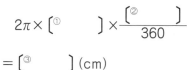

$= $ [③ 　　] (cm)

弧の長さを求める公式を使えば計算できるよ。簡単な図をかいて円と比べてもいいね。

❷ 空間図形

(1) 右の図の直方体で，辺DCとねじれの位置にある辺の数を求めなさい。

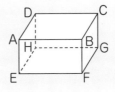

> **解き方** 辺DCと平行でなく交わらない辺をさがす。

辺DCと平行な辺は，AB，EF，〔① 〕の3本。

辺DCと交わる辺は，AD，BC，DH，〔② 〕の4本。

したがって，辺DCとねじれの位置にある辺は，

AE，BF，EH，〔③ 〕の〔④ 〕本である。

DCと平行な辺，交わる辺に印をつけよう。残った辺がDCとねじれの位置にあるよ。

(2) 右の図の円錐の体積を求めなさい。

> **解き方** 底面の半径が3cmだから，底面積は，

$$\pi \times 〔① \quad 〕^2 = 〔② \quad 〕 (cm^2)$$

したがって，体積は，

$$\frac{1}{3} \times 〔③ \quad 〕 \times 〔④ \quad 〕 = 〔⑤ \quad 〕 (cm^3)$$
_{底面積} _{高さ}

底面の半径がr，高さがhの円錐の体積は，$\frac{1}{3}\pi r^2 h$と表せるよ。

(3) 右の図の三角柱の表面積を求めなさい。

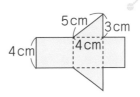

> **解き方** この三角柱の展開図は，右下ののようになる。

側面は長方形で，縦は4cm，横は，

$$5 + 4 + 〔① \quad 〕 = 〔② \quad 〕 (cm)$$

だから，側面積は，

$$4 \times 〔③ \quad 〕 = 〔④ \quad 〕 (cm^2)$$

また，底面積は，

$$\frac{1}{2} \times 〔⑤ \quad 〕 \times 3 = 〔⑥ \quad 〕 (cm^2)$$

したがって，表面積は

$$〔⑦ \quad 〕 + 〔⑧ \quad 〕 \times 2 = 〔⑨ \quad 〕 (cm^2)$$
_{側面積} _{底面積} ← 三角柱の底面は2つある。

表面積は，展開図で考えるとわかりやすいよ。

側面積は側面全体の面積で，底面積は，1つの底面の面積だよ。注意しよう。

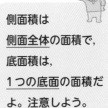

ここで学んだ内容を次で確かめよう！

問題 を解こう

1 右の図のように，AB＜AD である長方形ABCDに，対角線の交点Oを通る線分EG，FHをひいて合同な8つの直角三角形をつくる。次の問いに答えなさい。 5点×2（10点）

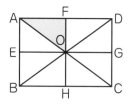

(1) △AOFを，点Oを中心として180°回転移動させたとき，重なる三角形をいいなさい。

(　　　　　　　)

(2) △AOFを，EGを対称の軸として対称移動させたとき，重なる三角形をいいなさい。

(　　　　　　　)

2 次の作図をしなさい。 10点×2（20点）

(1) ∠AOC＝∠BOC となる半直線OC

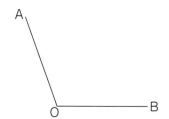

(2) △ABCで，辺BCを底辺とするときの高さAH

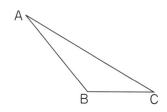

3 右の図は，立方体の展開図である。これを組み立ててできる立方体で，面Aと平行になる面をア〜オから1つ選び，記号で答えなさい。 （10点）

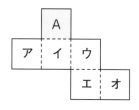

(　　　　　　　)

4 半径が7cmの球の表面積を求めなさい。 （10点）

(　　　　　　　)

③ 立方体の見取図をかいて，そこに面の記号を書き入れよう。

⑦(1) 側面のおうぎ形の弧の長さは，底面の円周に等しくなるよ。このこと
に着目して，おうぎ形の中心角を$a°$として方程式をつくろう。

---

5 右の図は，ある立体の投影図である。立面図は高さ9cmの二等
辺三角形であり，平面図は1辺8cmの正方形である。次の問いに
答えなさい。

10点×2（20点）

(1) この投影図は，次のア〜エのどの立体を表したものか。1つ選
び，記号で答えなさい。

　ア　三角柱　　イ　四角柱　　ウ　三角錐　　エ　四角錐

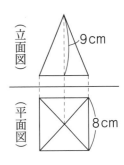

（　　　　　）

(2) この立体の体積を求めなさい。

（　　　　　）

6 右の図の長方形ABCDを，辺ABを軸として1回転させてでき
る立体の体積を求めなさい。

（10点）

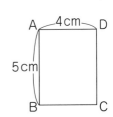

（　　　　　）

7 右の図は円錐の展開図で，側面のおうぎ形の半径は10cm，底面
の半径は2cmである。次の問いに答えなさい。

10点×2（20点）

(1) 側面のおうぎ形の中心角を求めなさい。

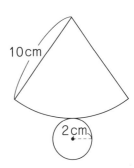

（　　　　　）

(2) この円錐の表面積を求めなさい。

（　　　　　）

6日目 はここまで！

29

7日目 平行と合同／三角形と四角形

平行線と角，合同の証明など，2年生の図形をまとめるよ。

解答 > p.14〜15

要点 を確認しよう

攻略のカギ

❶ 平行と合同

・平行な2直線に1つの直線が交わるとき，<u>同位角，錯角は等しい。</u>

・三角形の内角の和…<u>180°</u>　　三角形の外角…<u>となり合わない2つの内角の和</u>に等しい。

・n角形の内角の和…<u>180°×(n−2)</u>　　多角形の外角の和…<u>360°</u>

❷ 証明

・<u>三角形の合同条件</u>は正確に書く。

・辺や角が等しいことを証明するには，<u>それらを辺や角にもつ三角形</u>に注目する。

❸ 三角形と四角形

・二等辺三角形の<u>底角</u>は等しい。

・平行四辺形の<u>対辺</u>は等しく，<u>対角</u>も等しい。対角線はそれぞれの<u>中点で交わる。</u>

❶ 平行と合同

(1) 右の図で，$\ell /\!/ m$ のとき，$\angle x$ の大きさを求めなさい。

解き方　右下の図のように $\angle a$ をとると，平行線の同位角は等しいから，

$\angle a = [^① \qquad]°$

$\angle x = [^② \qquad]° - 105°$

　　$= [^③ \qquad]°$

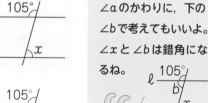

∠aのかわりに，下の∠bで考えてもいいよ。∠xと∠bは錯角になるね。

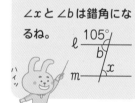

(2) 右の図で，$\angle x$ の大きさを求めなさい。

解き方　三角形の内角と外角の性質を利用する。

$\angle x + [^① \qquad]° = 100°$ ← 頂点Cの外角は，∠Aと∠Bの和に等しい。

$\angle x = 100° - [^② \qquad]°$

　　$= [^③ \qquad]°$

∠ACBを求めてから，三角形の内角の和を使って計算することもできるけど，内角と外角の性質を使えば計算が簡単になるね。

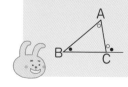

❷ 証明

右の図の四角形ABCDで，対角線の交点を
Eとする。AE＝DE，BE＝CE であるとき，
AB＝DC であることを証明しなさい。

> **基本の解き方**
> ❶最初に，仮定と結論をはっきりさせる。
> ❷合同をいう三角形を書く。
> ❸仮定や，そのほかの等しい辺や角を，根拠とともに書く。
> ❹合同条件を示して三角形の合同をいい，結論を書く。

解き方　仮定はAE＝DE，BE＝〔① 　　　　〕，結論は AB＝DC

だから，ABと〔② 　　　〕を辺にもつ△ABEと△DCEに注目

し，この2つの三角形が合同であることを示して結論を導く。

(証明) △ABEと△DCEにおいて，

└─ 合同をいう三角形を書く。

仮定から，AE＝DE…①

　　　　　　BE＝〔③ 　　　〕…②

等しい辺や角を書く。

対頂角は等しいから，

　　∠AEB＝∠〔④ 　　　〕…③

等しい辺や角に，印をつけて考えよう。

①，②，③より，〔⑤ 　　　　　　　　　　　〕が

それぞれ等しいから，

　　△ABE〔⑥ 　　　〕△DCE

合同条件と，三角形が合同であることをいい，結論を書く。

合同な図形の対応する辺は等しいから，

　　AB＝〔⑦ 　　　〕

❸ 三角形と四角形

右の図の平行四辺形ABCDで，BA＝BE の
とき，∠xの大きさを求めなさい。

平行四辺形の性質や，二等辺三角形の性質，三角形の内角の和など，いろいろな知識を活用しよう。

解き方　　△ABEは二等辺三角形だから，

　　∠BAE＝∠BEA＝〔① 　　　〕° ←二等辺三角形の底角は等しい。

△ABEの内角の和は180°だから，

　　∠ABE＝180°－〔② 　　　〕°×2＝〔③ 　　　〕°

平行四辺形の対角は等しいから，

　　∠x＝∠ABE＝〔④ 　　　〕°

> ここで学んだ内容を次で確かめよう！

問題 を解こう

100点

1 次の図で，∠xの大きさを求めなさい。ただし，(2)，(3)は ℓ//m である。　　10点×4（40点）

(1)

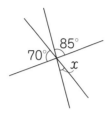

（　　　　　　）

(2)

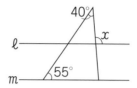

（　　　　　　）

(3)

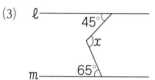

（　　　　　　）

(4)

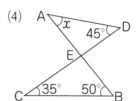

（　　　　　　）

2 次の問いに答えなさい。　　5点×2（10点）

(1) 十二角形の内角の和を求めなさい。

（　　　　　　）

(2) 右の図で，∠xの大きさを求めなさい。

（　　　　　　）

3 次の図で，∠xの大きさを求めなさい。　　10点×2（20点）

(1) AB＝AC，DA＝DC

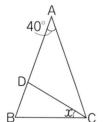

（　　　　　　）

(2) 四角形ABCDは平行四辺形で，AB＝AE

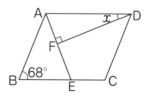

（　　　　　　）

1 (3) ∠xの頂点を通り，直線ℓに平行な直線をひいてみよう。
5 点BとHをむすぶと，△ABHと△FBHの2つの直角三角形ができるね。ッ
6 底辺が共通で，高さが等しい三角形を見つけよう。

4 右の図のような AD∥BC の台形 ABCD がある。辺DCの中点をEとし，線分AEの延長と辺BCの延長との交点をFとする。このとき，△AED≡△FEC であることを証明しなさい。 (10点)

（証明）

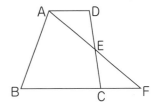

5 右の図のように，正方形ABCDを頂点Bを中心として回転移動させ，A，C，Dが移った点をそれぞれE，F，Gとする。また，辺ADと辺GFの交点をHとする。このとき，AH＝FH であることを証明しなさい。 (10点)

（証明）

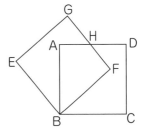

6 右の図のように，平行四辺形ABCDの辺BC上に点E，辺DC上に点Fがあり，BD∥EFである。次のア〜エのうち，△ABEと面積の等しい三角形をすべて選び，記号で答えなさい。 (10点)

ア △DBE　　イ △DBF　　ウ △DEF　　エ △DAF

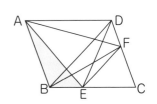

（　　　　　　）

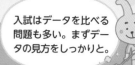

8日目 データの活用/確率

解答 > p.16～17

要点 を確認しよう

攻略のカギ

1 データの活用

・代表値を度数分布表から求めることがよくある。最頻値は度数のもっとも多い階級の<u>階級値</u>を用いる。中央値の入る階級を求めるには<u>累積度数</u>や<u>累積相対度数</u>に注目する。

2 箱ひげ図

・<u>四分位数</u>や<u>四分位範囲</u>の意味を理解する。第2四分位数は全体の中央値である。

3 確率

・起こりうるn通りのうち，a通りであることがらの起こる確率p…$p = \dfrac{a}{n}$

1 データの活用

(1) 右の表は，先月のA市における1日の最高気温を，度数分布表に表したものである。最頻値を求めなさい。

階級(℃) 以上 ～ 未満	度数(日)
15 ～ 17	3
17 ～ 19	12
19 ～ 21	10
21 ～ 23	5
23 ～ 25	1
合計	31

最頻値は，データの中でもっとも多く現れる値だね。

解き方 度数がもっとも多い階級は，

17℃以上 $\left[^{①}\qquad\right]$℃未満の階級で，

最頻値はこの階級の階級値だから，

$$\dfrac{17 + \left[^{②}\qquad\right]}{2} = \left[^{③}\qquad\right] (℃)$$

階級値というのは，その階級の真ん中の値のことだよ。

(2) (1)の表に累積度数を加えると，右のようになる。アにあてはまる数を求めなさい。また，中央値がふくまれる階級をいいなさい。

階級(℃) 以上 ～ 未満	度数(日)	累積度数(日)
15 ～ 17	3	3
17 ～ 19	12	15
19 ～ 21	10	25
21 ～ 23	5	ア
23 ～ 25	1	31
合計	31	

解き方 累積度数は，最初の階級からその階級までの度数の合計

だから，アは，$3 + 12 + 10 + \left[^{①}\qquad\right] = \left[^{②}\qquad\right]$

また，中央値は<u>小さいほうから $\left[^{③}\qquad\right]$番目の値</u>だから，
　　　　　　　　31個のデータの値の真ん中

$\left[^{④}\qquad\right]$℃以上$\left[^{⑤}\qquad\right]$℃未満の階級にふくまれる。

累積度数から，17℃未満が3日，19℃未満が15日，21℃未満が25日あるとわかるね。

❷ 箱ひげ図

下のデータは，10人の生徒の計算テストの得点を，小さい順に並べたものである。これを箱ひげ図に表しなさい。

$$3 \quad 3 \quad 4 \quad 5 \quad 5 \quad 7 \quad 7 \quad 7 \quad 8 \quad 9 \quad （点）$$

解き方 最小値は3点，最大値は〔①　　　〕点である。また，

データの総数が偶数のときは，真ん中の2つの値の平均値を中央値とするよ。

データの総数は10だから，中央値は5番目と6番目の平均値で，

$$\frac{〔②\quad〕+7}{2}=〔③\quad〕（点）←これが第2四分位数となる。$$

第1四分位数は，前半部分の5個のデータ(3，3，4，5，5)

の中央値を求めて，〔④　　　〕点

第3四分位数は，後半部分の5個のデータ(7，7，7，8，9)

の中央値を求めて，〔⑤　　　〕点

いっしょに覚えておこう。
・(範囲)
　=(最大値)−(最小値)
・(四分位範囲)
　=(第3四分位数)
　　−(第1四分位数)

これらをまとめると，次のようになる。

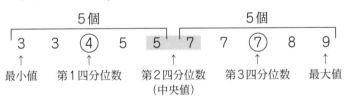

これを箱ひげ図に表す。　**答**

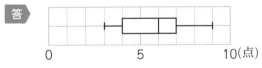

❸ 確率

袋の中に赤玉が4個，白玉が3個，青玉が5個入っている。この袋の中から玉を1個取り出すとき，それが赤玉である確率を求めなさい。

解き方 玉は全部で〔①　　　〕個だから，玉の取り出し方は

〔②　　　〕通りで，どの玉の取り出し方も同様に確からしい。

このうち，赤玉は4個だから，赤玉の取り出し方は4通り。

したがって，取り出した玉が赤玉である確率は，

$$\frac{4}{〔③\quad〕}=〔④\quad〕$$

かならず起こることがらの確率は1で，決して起こらないことがらの確率は0，どんな確率も，その値は0以上1以下なんだ。

ここで学んだ内容を次で確かめよう！

問題 を解こう

1 右の表は，生徒20人の通学時間を調べた結果をまとめたものである。次の問いに答えなさい。

7点×6（42点）

時間(分)	度数(人)	相対度数	累積相対度数
以上　未満			
2 ～ 8	2	0.10	0.10
8 ～ 14	7	0.35	0.45
14 ～ 20	6	0.30	イ
20 ～ 26	5	ア	1.00
合計	20	1.00	

(1) 表のア，イにあてはまる数を求めなさい。

ア（　　　　　）　イ（　　　　　）

(2) ヒストグラムと度数折れ線を右の図にかき入れなさい。

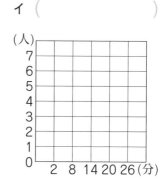

(3) 最頻値を求めなさい。

（　　　　　）

(4) 通学時間が14分未満の生徒の割合は何％か。

（　　　　　）

2 右の箱ひげ図は，A店とB店における先月のある商品の販売数を表したものである。次の問いに答えなさい。

7点×3（21点）

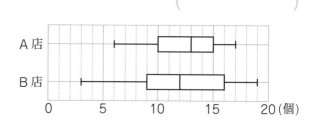

(1) A店の範囲を求めなさい。

（　　　　　）

(2) B店の四分位範囲を求めなさい。

（　　　　　）

(3) 販売数の中央値が大きいのは，A店とB店のどちらか。

（　　　　　）

3 右の図のような長方形があり，A，B，Cの3つの区画に分かれている。この区画を赤，青，黄を1色ずつ使って3色に塗り分けるとき，色の塗り方は何通りあるか求めなさい。　(7点)

（　　　　　　）

4 正しくつくられたさいころを投げるときの目の出方について，次のア～エの説明から適切なものを1つ選び，記号で答えなさい。　(7点)

ア　6回投げるとき，1の目は少なくとも1回は出る。

イ　600回投げるとき，1の目はかならず100回出る。

ウ　1回投げて1の目が出た場合，次に投げるときに1の目が出る確率は$\frac{1}{6}$である。

エ　1回投げて1の目が出た場合，次に投げるときに1の目が出る確率は，2の目が出る確率より小さい。

（　　　　　　）

5 大小2つのさいころを投げるとき，次の確率を求めなさい。　8点×2(16点)

(1)　出た目の数の和が4になる確率

（　　　　　　）

(2)　大きいさいころの出た目の数をa，小さいさいころの出た目の数をbとするとき，$\frac{a}{b}$が整数となる確率

（　　　　　　）

6 赤玉が2個，白玉が1個入っている袋の中から，同時に2個の玉を取り出す。取り出した玉が，赤玉と白玉である確率を求めなさい。　(7点)

（　　　　　　）

公式や定理などのまとめだよ。

数と式

● **絶対値, 数の大小**

・絶対値 ➡ 数直線上で, その数に対応する点と原点との距離。

・数の大小 ➡ （負の数）＜0＜（正の数）

● **正負の数の加法**

・同符号の2数の和

➡ 絶対値の和に, 共通の符号をつける。

例　$(-3)+(-5)=-(3+5)=-8$

・異符号の2数の和

➡ 絶対値の差に, 絶対値の大きいほうの符号をつける。

例　$(+3)+(-5)=-(5-3)=-2$

● **正負の数の減法**

ひく数の符号を変えて加法になおす。

$-(+●)$ ➡ $+(-●)$

$-(-●)$ ➡ $+(+●)$

● **正負の数の乗法と除法**

・同符号の2数の積・商

➡ 絶対値の積・商に, 正の符号をつける。

・異符号の2数の積・商

➡ 絶対値の積・商に, 負の符号をつける。

● **四則の混じった計算の順序**

① $\left\{\begin{array}{l}累乗\\かっこの中\end{array}\right.$ ➡ ② $\left\{\begin{array}{l}乗法\\除法\end{array}\right.$ ➡ ③ $\left\{\begin{array}{l}加法\\減法\end{array}\right.$

● **計算のきまり**

・加法の交換法則 ➡ $a+b=b+a$

・加法の結合法則 ➡ $(a+b)+c=a+(b+c)$

・乗法の交換法則 ➡ $a×b=b×a$

・乗法の結合法則 ➡ $(a×b)×c=a×(b×c)$

・分配法則 ➡ $m(a+b)=ma+mb$

● **文字式の表し方**

・乗法は, 記号×をはぶく。

・文字と数の積は, 数を文字の前に書く。

・同じ文字の積は, 累乗の指数を使う。

・除法は, 記号÷を使わずに分数の形で書く。

● **多項式の計算**

分配法則を使ってかっこをはずし, 同類項をまとめる。

● **単項式の乗法・除法**

・乗法 ➡ 係数の積に文字の積をかける。

・除法 ➡ 分数の形にして計算する。

● **1次方程式の解き方**

① xの項を左辺, 数の項を右辺に移項する。

② $ax=b$ の形にする。

③ 両辺をaでわる。

● **いろいろな方程式の解き方**

・（　）をふくむ方程式

➡ （　）をはずす。

・分数をふくむ方程式

➡ 両辺に分母の最小公倍数をかける。

・小数をふくむ方程式

➡ 両辺に10や100などをかける。

● **比例式の性質**

$a:b=c:d$ ならば, $ad=bc$

● **連立方程式の解き方**

・加減法 ➡ どちらかの文字の係数の絶対値をそろえ, 2つの式をたすかひくかして, その文字を消去する。

・代入法 ➡ 一方の式を $x=\sim$ か $y=\sim$ の形にし, それをもう一方の式に代入して, 1つの文字を消去する。

関数

● 比例の式とグラフ

・式 ➡ $y=ax$

・グラフ ➡ 原点を通る直線。

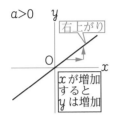

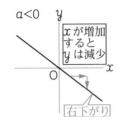

● 反比例の式とグラフ

・式 ➡ $y=\dfrac{a}{x}$

・グラフ ➡ 双曲線。原点について対称で，
x軸，y軸とは交わらない。

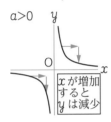

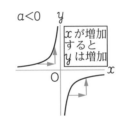

● 1次関数の式とグラフ

・式 ➡ $y=ax+b$

・(変化の割合)$=\dfrac{(yの増加量)}{(xの増加量)}$ は一定で，
a に等しい。

・グラフ ➡ 傾きa，切片bの直線。

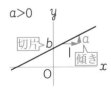

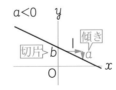

● 方程式とグラフ

2直線 $y=ax+b$，$y=cx+d$ の交点の座標
の求め方

➡ 連立方程式 $\begin{cases} y=ax+b \\ y=cx+d \end{cases}$ を解く。解の
x，y の値が，交点の x，y 座標となる。

図形

● 基本の作図

・垂直二等分線　　・角の二等分線

・垂線1　　　　　・垂線2

● おうぎ形

・弧の長さ ➡ $\ell=2\pi r\times\dfrac{a}{360}$

・面積 ➡ $S=\pi r^2\times\dfrac{a}{360}$

● 立体の体積と表面積

・角柱，円柱の体積
➡ $V=Sh$

・角錐，円錐の体積
➡ $V=\dfrac{1}{3}Sh$

・表面積 ➡ 展開図で考える。

・球の体積 ➡ $V=\dfrac{4}{3}\pi r^3$

・球の表面積 ➡ $S=4\pi r^2$

● 平行線と角

・$\ell\,/\!/\,m$ ⟺ $\angle a=\angle b$（同位角）

・$\ell\,/\!/\,m$ ⟺ $\angle c=\angle b$（錯角）

● 三角形の内角と外角

・内角の和 ➡ $180°$

・右の図で，$\angle c=\angle a+\angle b$

● 多角形の内角と外角

・n角形の内角の和 ➡ $180°\times(n-2)$

・外角の和 ➡ 何角形でも$360°$

● **三角形の合同条件**

①3組の辺がそれぞれ等しい。

②2組の辺とその間の角がそれぞれ等しい。

③1組の辺とその両端の角がそれぞれ等しい。

● **直角三角形の合同条件**

①斜辺と1つの鋭角がそれぞれ等しい。

②斜辺と他の1辺がそれぞれ等しい。

● **二等辺三角形の性質**

①底角は等しい。

②頂角の二等分線は，底辺を垂直に2等分する。

● **二等辺三角形になるための条件**

2つの角が等しい三角形は，等しい2つの角を底角とする二等辺三角形である。

● **平行四辺形の性質**

①2組の対辺はそれぞれ等しい。

②2組の対角はそれぞれ等しい。

③対角線は，それぞれの中点で交わる。

● **平行四辺形になるための条件**

①2組の対辺がそれぞれ平行である。

②2組の対辺がそれぞれ等しい。

③2組の対角がそれぞれ等しい。

④対角線がそれぞれの中点で交わる。

⑤1組の対辺が平行でその長さが等しい。

データの活用

● **データの整理，代表値**

・度数 ➡ 各階級に入るデータの個数。

・(相対度数) = $\dfrac{(その階級の度数)}{(度数の合計)}$

・累積度数 ➡ 最初の階級からある階級までの度数の合計。

・累積相対度数 ➡ 最初の階級からある階級までの相対度数の合計。

・(範囲) = (最大値) − (最小値)

・中央値(メジアン) ➡ データを大きさの順に並べたときの中央の値。

・最頻値(モード) ➡ データの中で，もっとも多く出てくる値。

● **箱ひげ図**

・四分位数 ➡ データを小さい順に並べて4等分したときの3つの区切りの値。小さい順に，第1四分位数，第2四分位数(中央値)，第3四分位数という。

・(四分位範囲)
 = (第3四分位数) − (第1四分位数)

・箱ひげ図

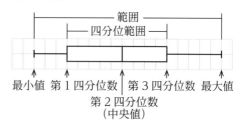

● **確率**

・起こりうる場合が n 通り，そのうち，Aの起こる場合が a 通りあるとき，

 Aの起こる確率 p ➡ $p = \dfrac{a}{n}$

・確率 p の値の範囲 ➡ $0 \leqq p \leqq 1$

・Aの起こる確率が p のとき，

 (Aの起こらない確率) = $1 - p$

コーチと入試対策！

8日間 完成

中学1・2年の総まとめ

数学

解答と解説

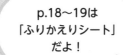
p.18〜19は「ふりかえりシート」だよ！

「解答と解説」は取りはずして使おう！

正負の数／式の計算

要点 を確認しよう　　p.6〜7

❶ (1) ① -1　② 0　③ -2　④ -1　⑤ 0　⑥ 1　⑦ 2
　　(2) ① 6　② -11　(3) ① 3　② -27
　　(4) ① 7　② -5

問題 を解こう　　p.8〜9

1 (1) $-(-15)$ は，
$+15$ となおせる。

(3) 分数でわる計算
は，わる数の逆数
をかける計算にな
おす。

(4) $(-3)^2=(-3)\times(-3)$
$\qquad =9$

(5) かっこの中 →
乗法 → 加法
の順に計算する。

(6) 累乗 → 除法 →
減法の順に計算。
$\qquad (-2)^3$
$\qquad =(-2)\times(-2)\times(-2)$
$\qquad =-8$

2 (1)(2) かっこをは
ずして同類項をま
とめる。

⚠ **注意** (1)はかっこ
の前が−だから，
符号に気をつける。

(3) 通分するときは，
分子にかっこをつ
ける。

(4) 係数の積に文字の
積をかける。

(5) −が1個（奇数個）
だから符号は−。
わる式は分母に，
かける式は分子に
おく。

(6) $A\div B\div C=\dfrac{A}{B\times C}$

---

1 次の計算をしなさい。　　5点×6（30点）

(1) $10-(-15)$
$=10+15$
$=25$
$(\qquad 25 \qquad)$

(2) $-4-5+8$
$=-9+8$
$=-1$
$(\qquad -1 \qquad)$

(3) $\dfrac{4}{3}\div\left(-\dfrac{2}{9}\right)$
$=\dfrac{4}{3}\times\left(-\dfrac{9}{2}\right)$
$=-6$
$(\qquad -6 \qquad)$

(4) $-7\times(-3)^2$
$=-7\times9$
$=-63$
$(\qquad -63 \qquad)$

(5) $3+8\times(1-5)$
$=3+8\times(-4)$
$=3+(-32)$
$=-29$
$(\qquad -29 \qquad)$

(6) $\dfrac{1}{2}-4\div(-2)^3$
$=\dfrac{1}{2}-4\div(-8)$
$=\dfrac{1}{2}-\left(-\dfrac{1}{2}\right)=\dfrac{1}{2}+\dfrac{1}{2}=1$
$(\qquad 1 \qquad)$

2 次の計算をしなさい。　　5点×6（30点）

(1) $a-(3a-5)$
$=a-3a+5$
$=-2a+5$
$(\qquad -2a+5 \qquad)$

(2) $2(6x-7y)+4(x+3y)$
$=12x-14y+4x+12y$
$=16x-2y$
$(\qquad 16x-2y \qquad)$

(3) $\dfrac{9a+b}{10}-\dfrac{a+2b}{5}$
$=\dfrac{9a+b-2(a+2b)}{10}$
$=\dfrac{9a+b-2a-4b}{10}$
$=\dfrac{7a-3b}{10}$
$\left(\qquad \dfrac{7a-3b}{10} \qquad\right)$

(4) $8x\times\left(-\dfrac{7}{2}xy\right)$
$=8\times\left(-\dfrac{7}{2}\right)\times x\times xy$
$=-28x^2y$
$(\qquad -28x^2y \qquad)$

(5) $(6a)^2\div(-9ab)\times2b$
$=36a^2\div(-9ab)\times2b$
$=-\dfrac{36a^2\times2b}{9ab}$
$=-8a$
$(\qquad -8a \qquad)$

(6) $-48xy^2\div(-4xy)\div(-15y)$
$=-\dfrac{48xy^2}{4xy\times15y}$
$=-\dfrac{4}{5}$
$\left(\qquad -\dfrac{4}{5} \qquad\right)$

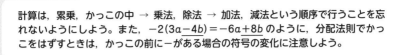

計算は，累乗，かっこの中 → 乗法，除法 → 加法，減法という順序で行うことを忘れないようにしよう。また，$-2(3a-4b)=-6a+8b$ のように，分配法則でかっこをはずすときは，かっこの前に−がある場合の符号の変化に注意しよう。

---

2 (1) ① $6x$　② $+4$　③ $2x+13$　(2) ① 2　② 6　③ $+2a-4b$　④ $\dfrac{5a-7b}{6}$

(3) ① $5xy$　② $10xy^2$　③ $4x^2$　(4) ① $-9a+2b$　② 1　③ -6　④ 4　⑤ 4

---

3 ある町の今日の最低気温は4℃で，これは昨日の最低気温より6℃高い。昨日の最低気温を求めなさい。 (5点)

昨日の最低気温は今日の最低気温より6℃低いから，
　$4-6=-2$（℃）

（　　　-2℃　　　）

4 60を素因数分解しなさい。 (5点)

右のように，素数で順にわっていくと，
$60=2\times2\times3\times5=2^2\times3\times5$

2 ⟌ 60
2 ⟌ 30
3 ⟌ 15
　　5

（　　$2^2\times3\times5$　　）

5 長さが180cmのテープから，長さが$a$cmのテープを4本切り取ったところ，残りのテープの長さは$b$cmより短くなった。この数量の関係を不等式で表しなさい。 (5点)

残りの長さは，（もとの長さ）−（切り取った長さ）で表されるから，
　$180-a\times4=180-4a$（cm）
これが$b$cmより短いから，数量の関係は，　$180-4a<b$

（　　$180-4a<b$　　）

6 次の等式を〔 〕の中の文字について解きなさい。 5点×2 (10点)

(1) $5x-2y=15$ 〔x〕
　　$5x=15+2y$
　　$x=3+\dfrac{2}{5}y$
　　$\left(x=\dfrac{15+2y}{5}$ も可。$\right)$

（　　$x=3+\dfrac{2}{5}y$　　）

(2) $\dfrac{1}{3}xy=7$ 〔y〕
　　$xy=21$
　　$y=\dfrac{21}{x}$

（　　$y=\dfrac{21}{x}$　　）

7 5，6，7や11，12，13のように，連続する3つの整数の和は，3の倍数になる。

このことを説明した次の文の＿＿にあてはまる式を書きなさい。 5点×3 (15点)

> $5+6+7=18(=3\times6)$
> $11+12+13=36(=3\times12)$

〔説明〕

連続する3つの整数のうち，最も小さい数をnとすると，連続する3つの整数は，小さい順に，n，　①　，　②　と表される。この3つの数の和は，

　$n+($　①　$)+($　②　$)=3n+3=$　③

$n+1$は整数だから，　③　は3の倍数である。

したがって，連続する3つの整数の和は，3の倍数になる。

①（　　$n+1$　　）　②（　　$n+2$　　）　③（　　$3(n+1)$　　）

---

4 ◁アドバイス

どの素数からわっていっても，同じ答えになる。

例　3 ⟌ 60
　　2 ⟌ 20
　　5 ⟌ 10
　　　　2

$60=3\times2\times5\times2$
　　$=2^2\times3\times5$

ただし，小さい素数から順にわっていくほうが同じ素数をまとめやすい。

5 不等号の向きに注意しよう。

6 (1)移項して左辺をxの項だけにして，両辺をxの係数でわる。

7 連続する整数は1ずつ大きくなるから，

①は，$n+1$
②は，
$(n+1)+1=n+2$
と表される。

また，ある式が3の倍数になることを示すには，その式が3×（整数）と表されることをいえばよい。

要点 を確認しよう ⋯⋯ **p.10〜11** ⋯⋯⋯⋯⋯⋯⋯⋯⋯⋯⋯⋯⋯⋯⋯⋯⋯⋯⋯⋯⋯⋯⋯⋯⋯⋯⋯⋯

① (1) ① 4　　② 4　　③ 6　　④ 6　　⑤ 3　　⑥ 2

　　(2) ① $6x$　② 13　　③ 12　　④ -3

問題 を解こう ⋯⋯ **p.12〜13** ⋯⋯⋯⋯⋯⋯⋯⋯⋯⋯⋯⋯⋯⋯⋯⋯⋯⋯⋯⋯⋯⋯⋯⋯⋯⋯⋯⋯

1 (2)両辺に-3をかける。

(3)〜(6)移項，整理し$ax=b$の形にして，両辺をaでわる。

(3)10を移項する。

(4)7，$9x$を移項する。

(5)6，$3x$を移項する。

(6)-8，$-10x$を移項する。

2 (1)(2)まず，かっこをはずす。

(3)(4)両辺に分母の最小公倍数をかけて分母をはらう。

(3)両辺に3と5の最小公倍数の15をかける。

⚠注意 両辺の整数の項である2と-1にも15をかけることを忘れないようにしよう。

(4)両辺に6と2の最小公倍数の6をかける。

(5)(6)両辺に10や100をかけて，小数をふくまない形にする。

(5)両辺に10をかける。

(6)両辺に100をかける。

---

1 次の方程式を解きなさい。　　　　　　　　5点×6 (30点)

(1) $x-4=-1$

$\quad x=-1+4$

$\quad x=3$

$\qquad\qquad\qquad (\quad x=3\quad)$

(2) $-\dfrac{1}{3}x=5$

$\quad -\dfrac{1}{3}x\times(-3)=5\times(-3)$

$\qquad\qquad x=-15$

$\qquad\qquad\qquad (\quad x=-15\quad)$

(3) $4x+10=2$

$\quad 4x=2-10$

$\quad 4x=-8$

$\quad x=-2$

$\qquad\qquad\qquad (\quad x=-2\quad)$

(4) $3x+7=9x-17$

$\quad 3x-9x=-17-7$

$\quad -6x=-24$

$\quad x=4$

$\qquad\qquad\qquad (\quad x=4\quad)$

(5) $6-5x=3x+14$

$\quad -5x-3x=14-6$

$\quad -8x=8$

$\quad x=-1$

$\qquad\qquad\qquad (\quad x=-1\quad)$

(6) $-x-8=4-10x$

$\quad -x+10x=4+8$

$\quad 9x=12$

$\quad x=\dfrac{4}{3}$

$\qquad\qquad\qquad (\quad x=\dfrac{4}{3}\quad)$

2 次の方程式を解きなさい。　　　　　　　　5点×6 (30点)

(1) $7(x-2)=4x-5$

$\quad 7x-14=4x-5$

$\quad 7x-4x=-5+14$

$\quad 3x=9$

$\quad x=3$

$\qquad\qquad\qquad (\quad x=3\quad)$

(2) $5x-4(3x+8)=3$

$\quad 5x-12x-32=3$

$\quad 5x-12x=3+32$

$\quad -7x=35$

$\quad x=-5$

$\qquad\qquad\qquad (\quad x=-5\quad)$

(3) $\dfrac{1}{3}x+2=\dfrac{2}{5}x-1$

$\quad \left(\dfrac{1}{3}x+2\right)\times15=\left(\dfrac{2}{5}x-1\right)\times15$

$\quad 5x+30=6x-15$

$\quad 5x-6x=-15-30$

$\quad -x=-45$

$\quad x=45$

$\qquad\qquad\qquad (\quad x=45\quad)$

(4) $\dfrac{5x-1}{6}=\dfrac{x-3}{2}$

$\quad \dfrac{5x-1}{6}\times6=\dfrac{x-3}{2}\times6$

$\quad 5x-1=(x-3)\times3$

$\quad 5x-1=3x-9$

$\quad 5x-3x=-9+1$

$\quad 2x=-8$

$\quad x=-4$

$\qquad\qquad\qquad (\quad x=-4\quad)$

(5) $1.1x-3.8=0.3x+1$

$\quad (1.1x-3.8)\times10=(0.3x+1)\times10$

$\quad 11x-38=3x+10$

$\quad 11x-3x=10+38$

$\quad 8x=48$

$\quad x=6$

$\qquad\qquad\qquad (\quad x=6\quad)$

(6) $0.04x+0.1=0.09x+0.6$

$\quad (0.04x+0.1)\times100=(0.09x+0.6)\times100$

$\quad 4x+10=9x+60$

$\quad 4x-9x=60-10$

$\quad -5x=50$

$\quad x=-10$

$\qquad\qquad\qquad (\quad x=-10\quad)$

2 (1) ① $9x+18$　② $9x$　③ 18　④ -10　⑤ -5
　　(2) ① 12　② 24　③ 24　④ 60　⑤ 12

3 ① 4　② 24　③ 8

---

3 次の比例式を解きなさい。　　　　　　　　　　　　　5点×2 (10点)

(1) $2:7=x:28$
　　　$7×x=2×28$
　　　$7x=56$
　　　$x=8$
　　　　　　　　　　　（　　$x=8$　　）

(2) $4:5=6:(x+5)$
　　　$4(x+5)=5×6$
　　　$4x+20=30$
　　　$4x=10$
　　　$x=\dfrac{5}{2}$　　（　　$x=\dfrac{5}{2}$　　）

4 x についての方程式 $x-3a=3x+2$ の解が $x=5$ であるとき，a の値を求めなさい。（6点）

方程式に $x=5$ を代入すると，
　$5-3a=3×5+2$
　$-3a=15+2-5$
　$-3a=12$
　$a=-4$　　　　　　　　（　　$a=-4$　　）

5 次の問いに答えなさい。　　　　　　　　　　　　　8点×3 (24点)

(1) 生徒に折り紙を配るのに，1人に5枚ずつ配ると15枚たりないが，1人に3枚ずつ配ると11枚余る。生徒の人数を求めなさい。

生徒の人数を x 人として，折り紙の枚数を2通りの式で表す。
1人に5枚ずつ配ると15枚たりないから，折り紙の枚数は $(5x-15)$ 枚
1人に3枚ずつ配ると11枚余るから，折り紙の枚数は $(3x+11)$ 枚
したがって，$5x-15=3x+11$　　$2x=26$　　$x=13$
これは問題にあっている。　　　　　　　　（　　13人　　）

(2) 妹は，1500m離れた駅に向かって家を出発した。その8分後に，妹の忘れ物に気づいた姉が家を出発し，同じ道を自転車で追いかけた。妹は分速60m，姉は分速180mで進むとすると，姉は出発してから何分後に妹に追いつくか求めなさい。

姉が出発してから x 分後に追いつくとして，速さ，時間，道のりの関係をまとめると，下の表のようになる。

	妹	姉
速さ(m/min)	60	180
時間(分)	$8+x$	x
道のり(m)	$60(8+x)$	$180x$

2人が進んだ道のりは等しいから，
　$60(8+x)=180x$
両辺を60でわって，
　$8+x=3x$　　$-2x=-8$　　$x=4$
よって，姉は出発してから4分後に，
家から $180×4=720$(m) のところで妹に追いつくから，
これは問題にあっている。　　　　　　　　（　　4分後　　）

(3) AとBの2つの箱に，おはじきが80個ずつ入っている。AからBにおはじきを何個か移したところ，AとBのおはじきの個数の比は2:3になった。AからBに移したおはじきの個数を求めなさい。

AからBに x 個移したとして，移したあとの個数の比に着目して比例式をつくると，
　$(80-x):(80+x)=2:3$　　$3(80-x)=2(80+x)$　　$240-3x=160+2x$　　$-5x=-80$　　$x=16$
よって，Aの個数は $80-16=64$(個)，Bの個数は $80+16=96$(個) となる。
これは問題にあっている。　　　　　　　　（　　16個　　）

---

3 比例式の性質
$a:b=c:d$ ならば，$ad=bc$ を利用する。

4 方程式に $x=5$ を代入して，a についての新たな方程式をつくる。

5 (1)「たりない」「余る」に注意して式をつくる。
方程式を解くと，$x=13$ だから，折り紙の枚数は，
$5×13-15=50$(枚)
これは問題にあっている。

(2)妹と姉の進んだ道のりが等しいことに着目する。

(3)方程式を解くと $x=16$ だから，移したあとの個数は，
A…$80-16=64$(個)
B…$80+16=96$(個)
で，$64:96=2:3$
これは問題にあっている。

⚠️注意 方程式の文章題を解くときは，「解が問題にあっているかどうか」も確認してから，答えを書こう。

3 日目 連立方程式

要点 を確認しよう　　p.14～15

① ① 9　② 5　③ −1　④ −1　⑤ −1　⑥ 1　⑦ 4　⑧ 4　⑨ −1

問題 を解こう　　p.16～17

1 (1)～(4)加減法で解くとよい。

(1)①，②ともに x の係数が 1 だから，①−②で，x を消去できる。

(2)①×2＋②で，y を消去できる。

(3)①−②×3で，x を消去できる。

(4)それぞれの式を何倍かする。①×3，②×2で y の係数の絶対値をそろえられる。

アドバイス ①×8，②×7で x の係数の絶対値をそろえてもよい。計算しやすいほうを選ぼう。

(5)(6) $y=\sim$ や $x=\sim$ の形の式があるので代入法で解くとよい。代入するときはかっこをつけて代入すること。

2 (1)まず，①のかっこをはずす。

(2)①を 4 倍して，係数を整数にする。

注意 右辺も 4 倍することを忘れないようにしよう。

---

1 次の連立方程式を解きなさい。　　8点×6 (48点)

(1) $\begin{cases} x+3y=9 \cdots① \\ x+y=5 \cdots② \end{cases}$

$\begin{array}{l} ① \quad x+3y=9 \\ ② \underline{-)\ x+\ y=5} \\ \qquad 2y=4 \\ \qquad y=2 \end{array}$

$y=2$ を②に代入すると，$x+2=5$　$x=3$

（ $x=3,\ y=2$ ）

(2) $\begin{cases} 4x-y=-5 \cdots① \\ 5x+2y=-3 \cdots② \end{cases}$

$\begin{array}{l} ①×2 \quad 8x-2y=-10 \\ ② \underline{+)\ 5x+2y=-\ 3} \\ \qquad 13x\ \ \ =-13 \\ \qquad x=-1 \end{array}$

$x=-1$ を①に代入すると，$4×(-1)-y=-5$　$y=1$

（ $x=-1,\ y=1$ ）

(3) $\begin{cases} 6x+7y=12 \cdots① \\ 2x+3y=8 \cdots② \end{cases}$

$\begin{array}{l} ① \quad 6x+7y=\ 12 \\ ②×3 \underline{-)\ 6x+9y=\ 24} \\ \qquad -2y=-12 \\ \qquad y=6 \end{array}$

$y=6$ を②に代入すると，$2x+3×6=8$　$x=-5$

（ $x=-5,\ y=6$ ）

(4) $\begin{cases} -7x+2y=-20 \cdots① \\ 8x-3y=25 \cdots② \end{cases}$

$\begin{array}{l} ①×3 \quad -21x+6y=-60 \\ ②×2 \underline{+)\ \ 16x-6y=\ 50} \\ \qquad -\ 5x\ \ \ =-10 \\ \qquad x=2 \end{array}$

$x=2$ を②に代入すると，$8×2-3y=25$　$y=-3$

（ $x=2,\ y=-3$ ）

(5) $\begin{cases} 5x-4y=6 \cdots① \\ y=3x+2 \cdots② \end{cases}$

②を①に代入すると，
$5x-4(3x+2)=6$
$5x-12x-8=6$
$-7x=14$
$x=-2$

$x=-2$ を②に代入すると，
$y=3×(-2)+2$
$y=-4$

（ $x=-2,\ y=-4$ ）

(6) $\begin{cases} x=5y-9 \cdots① \\ -7x+4y=-30 \cdots② \end{cases}$

①を②に代入すると，
$-7(5y-9)+4y=-30$
$-35y+63+4y=-30$
$-31y=-93$
$y=3$

$y=3$ を①に代入すると，
$x=5×3-9$
$x=6$

（ $x=6,\ y=3$ ）

---

2 次の連立方程式を解きなさい。　　8点×2 (16点)

(1) $\begin{cases} 7x-5(y-8)=8 \cdots① \\ 2x+y=3 \cdots② \end{cases}$

①から，
$7x-5y+40=8$
$7x-5y=-32 \cdots①'$
$\begin{array}{l} ①' \qquad 7x-5y=-32 \\ ②×5 \underline{+)\ 10x+5y=\ 15} \\ \qquad 17x\ \ \ =-17 \\ \qquad x=-1 \end{array}$

$x=-1$ を②に代入すると，
$2×(-1)+y=3$
$y=5$

（ $x=-1,\ y=5$ ）

(2) $\begin{cases} \dfrac{1}{4}x+\dfrac{1}{2}y=2 \cdots① \\ 2x-3y=2 \cdots② \end{cases}$

①×4から，
$\left(\dfrac{1}{4}x+\dfrac{1}{2}y\right)×4=2×4$
$x+2y=8 \cdots①'$
$\begin{array}{l} ①'×2 \quad 2x+4y=16 \\ ② \underline{-)\ 2x-3y=\ 2} \\ \qquad 7y=14 \\ \qquad y=2 \end{array}$

$y=2$ を①'に代入すると，
$x+2×2=8$
$x=4$

（ $x=4,\ y=2$ ）

6

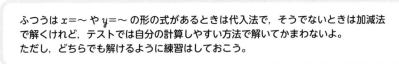

ふつうは $x=\sim$ や $y=\sim$ の形の式があるときは代入法で，そうでないときは加減法で解くけれど，テストでは自分の計算しやすい方法で解いてかまわないよ。
ただし，どちらでも解けるように練習はしておこう。

2 ① $2x-1$　② 2　③ 2　④ -3　⑤ -3　⑥ -3　⑦ -7　⑧ -3　⑨ -7

3 ① $10x$　② 10　③ 1　④ 1　⑤ 1　⑥ 7　⑦ -2　⑧ 1　⑨ -2

---

3 連立方程式 $3x-4y=7x-2y+44=11$ を解きなさい。（9点）

$\begin{cases}3x-4y=11\\7x-2y+44=11\end{cases}$ を解く。

整理すると，$\begin{cases}3x-4y=11 \cdots ①\\7x-2y=-33 \cdots ②\end{cases}$

① $3x-4y=11$
②×2 −) $14x-4y=-66$
$-11x=77$
$x=-7$

$x=-7$ を①に代入すると，
$3\times(-7)-4y=11$
$-4y=32$
$y=-8$

（ $x=-7$，$y=-8$ ）

4 x，y についての連立方程式 $\begin{cases}ax-by=1\\bx+ay=8\end{cases}$ の解が $x=2$，$y=1$ であるとき，a，b の値を求めなさい。（9点）

方程式に $x=2, y=1$ を代入すると，
$\begin{cases}2a-b=1\\2b+a=8\end{cases} \to \begin{cases}2a-b=1 \cdots ①\\a+2b=8 \cdots ②\end{cases}$

①×2 $4a-2b=2$
② +) $a+2b=8$
$5a=10$
$a=2$

$a=2$ を②に代入すると，
$2+2b=8$
$b=3$

（ $a=2$，$b=3$ ）

5 次の問いに答えなさい。（9点×2（18点））

(1) ある博物館の入館料は，おとな2人と子ども5人の場合は2000円，おとな1人と子ども3人の場合は1100円である。この博物館のおとな1人，子ども1人の入館料をそれぞれ求めなさい。

おとな1人の入館料を x 円，
子ども1人の入館料を y 円とする。
おとな2人と子ども5人で2000円だから，
$2x+5y=2000 \cdots ①$
おとな1人と子ども3人で1100円だから，
$x+3y=1100 \cdots ②$
①，②を連立方程式として解く。

① $2x+5y=2000$
②×2 −) $2x+6y=2200$
$-y=-200$
$y=200$
$y=200$ を②に代入すると，
$x+3\times200=1100$　$x=500$

（ おとな1人…500円，子ども1人…200円 ）

(2) 2けたの正の整数Aがある。整数Aの十の位の数は，一の位の数から5をひいて3倍した値に等しい。また，整数Aの十の位の数と一の位の数を入れかえてできる整数は，Aより9大きい。この整数Aを求めなさい。

整数Aの十の位を x，一の位を y とする。
十の位の数は，一の位の数から5をひいて3倍した値に等しいから，
$x=3(y-5) \cdots ①$
十の位の数と一の位の数を入れかえてできる整数は，Aより9大きいから，
$10y+x=(10x+y)+9 \cdots ②$
①，②を連立方程式として解く。

②から，$10y+x=10x+y+9$
$-9x+9y=9$　$-x+y=1 \cdots ②'$
①を②′に代入すると，
$-3(y-5)+y=1$　$-3y+15+y=1$
$-2y=-14$　$y=7$
$y=7$ を①に代入すると，$x=3\times(7-5)=6$
よって，Aは十の位が6，一の位が7だから，67

（ 67 ）

---

3 次のどちらかを解いてもよい。
$\begin{cases}3x-4y=7x-2y+44\\3x-4y=11\end{cases}$
$\begin{cases}3x-4y=7x-2y+44\\7x-2y+44=11\end{cases}$

5 ⚠注意 方程式の文章題では「解が問題にあっているかどうか」も確認しよう。

(1) $x=500$，$y=200$ のとき，入館料は，おとな2人と子ども5人で，
$500\times2+200\times5$
$=2000$（円）
おとな1人と子ども3人で，
$500\times1+200\times3$
$=1100$（円）
この解は問題にあっている。

(2) $A=67$ のとき，一の位から5をひいて3倍すると，
$(7-5)\times3=6$
また，Aの十の位と一の位を入れかえてできる数は76で，$76=67+9$
$A=67$ は問題にあっている。

要点 を確認しよう　p.18〜19

1 (1) ① 15　② 3　③ 5　④ 5x

(2) ① -2　② 7　③ -14　④ $-\dfrac{14}{x}$

問題 を解こう　p.20〜21

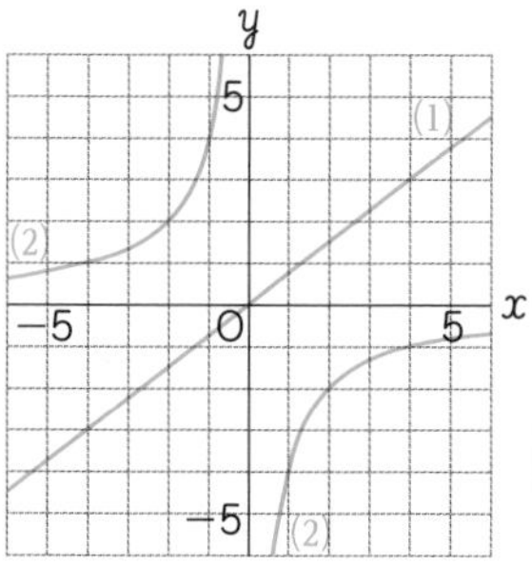

1 関数…変数x，yで，xの値を決めると，対応するyの値もただ1つに決まるとき，「yはxの関数である」という。

ア…たとえばx=10のとき，縦1cm，横4cmの長方形ではy=4，縦2cm，横3cmの長方形ではy=6で，xを決めてもyは1つに決まらない。

2 (1)$y=ax$にx，yの値を代入する。

3 (1)$y=\dfrac{a}{x}$にx，yの値を代入する。

4 x座標，y座標とも整数になる点をとってかく。

(1)グラフは原点Oを通る。また，x=4のときy=3だから，点(4，3)も通る。

(2)$x<0$のときと，$x>0$のときのそれぞれの場合で，通る点をなるべく多くとり，なめらかにむすぶ。

---

1 次のア〜エのうち，yがxの関数であるものをすべて選び，記号で答えなさい。また，yがxに比例するもの，反比例するものをそれぞれ選びなさい。　5点×3（15点）

ア　周の長さが$x$cmの長方形の面積$y$cm²

イ　40kmの道のりを時速$x$kmで進むときにかかる時間y時間

ウ　500gの箱にxgの荷物を入れたときの全体の重さyg

エ　空の水そうに毎分7Lずつ水を入れるとき，x分間にたまる水の量yL

ア　xの値を決めてもyの値は1つに決まらない。

イ　（時間）＝$\dfrac{（道のり）}{（速さ）}$より，$y=\dfrac{40}{x}$…反比例

ウ　（全体の重さ）＝（箱の重さ）＋（荷物の重さ）より，$y=500+x$

エ　（全体の水の量）＝（1分あたりに入る水の量）×（時間）より，$y=7x$…比例

関数（　イ，ウ，エ　）　比例（　　エ　　）　反比例（　　イ　　）

2 yはxに比例し，$x=-6$のとき$y=24$である。次の問いに答えなさい。　5点×2（10点）

(1)　yをxの式で表しなさい。

$y=ax$で$x=-6$のとき$y=24$だから，
$24=a×(-6)$　$-6a=24$　$a=-4$

（　$y=-4x$　）

(2)　$x=8$のときのyの値を求めなさい。

$y=-4x$に$x=8$を代入すると，
$y=-4×8=-32$

（　$y=-32$　）

3 yはxに反比例し，$x=10$のとき$y=\dfrac{1}{2}$である。次の問いに答えなさい。　5点×2（10点）

(1)　yをxの式で表しなさい。

$y=\dfrac{a}{x}$で$x=10$のとき$y=\dfrac{1}{2}$だから，
$\dfrac{1}{2}=\dfrac{a}{10}$　$a=\dfrac{1}{2}×10=5$

（　$y=\dfrac{5}{x}$　）

(2)　$x=-5$のときのyの値を求めなさい。

$y=\dfrac{5}{x}$に$x=-5$を代入すると，
$y=\dfrac{5}{-5}=-1$

（　$y=-1$　）

4 次の比例や反比例のグラフを右の図にかきなさい。　5点×2（10点）

(1)　$y=\dfrac{3}{4}x$

原点Oと点(4，3)を通る直線をひく。または原点Oと点(-4，-3)でもよい。

(2)　$y=-\dfrac{4}{x}$

点(-4，1)，(-2，2)，(-1，4)，(1，-4)，(2，-2)，(4，-1)をなめらかな曲線でむすぶ。

比例の式は $y=ax$(aは比例定数)で，グラフは原点を通る直線だよ。

反比例の式は $y=\dfrac{a}{x}$ (aは比例定数)で，グラフは双曲線というなめらかな曲線だよ。

2 (1) ① -3 ② 2 ③ -3 ④ 2

(2) ① 2 ② -6 ③ 0 ④ -6

(3) ① -2 ② -6 ③ 3 ④ 1

---

5 右の図について，次の問いに答えなさい。　　　10点×2 (20点)

(1) グラフが直線①のようになる比例の式を求めなさい。

式を $y=ax$ とする。グラフは点 $(2, -3)$ を通るから，

$-3=a\times2$　　$a=-\dfrac{3}{2}$

（　　$y=-\dfrac{3}{2}x$　　）

(2) グラフが双曲線②のようになる反比例の式を求めなさい。

式を $y=\dfrac{a}{x}$ とする。グラフは点 $(2, 4)$ を通るから，

$4=\dfrac{a}{2}$　　$a=8$

（　　$y=\dfrac{8}{x}$　　）

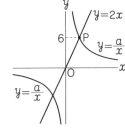

6 右の図のように，比例 $y=2x$ のグラフと反比例 $y=\dfrac{a}{x}$ $(a>0)$

のグラフが点Pで交わっている。点Pの y 座標が6のとき，次

の問いに答えなさい。　　　10点×3 (30点)

(1) 点Pの x 座標を求めなさい。

$y=2x$ に $y=6$ を代入すると，$6=2x$　　$x=3$

（　　3　　）

(2) a の値を求めなさい。

P$(3, 6)$ は $y=\dfrac{a}{x}$ のグラフ上にあるから，$6=\dfrac{a}{3}$　　$a=18$

（　　$a=18$　　）

(3) $y=\dfrac{a}{x}$ で，x の変域が $-9\leqq x\leqq-4$ のときの y の変域を求めなさい。

$y=\dfrac{18}{x}$ で，$x<0$ のとき，x の値が増加すると y の値は減少するから，

最大値は $x=-9$ のときで，$y=\dfrac{18}{-9}=-2$　　最小値は $x=-4$ のときで，$y=\dfrac{18}{-4}=-\dfrac{9}{2}$

（　　$-\dfrac{9}{2}\leqq y\leqq-2$　　）

7 ロープのたばから2mのロープを切り取って，その重さをはかったところ70gだった。

残ったロープの重さが1.4kgのとき，残ったロープの長さは何mと考えられるか。　　（5点）

ロープの重さは長さに比例すると考えられる。x mのロープの重さを y gとすると，

$y=ax$ で，$x=2$ のとき $y=70$ だから，$70=a\times2$　　$a=35$

1.4kg＝1400gだから，$y=35x$ に $y=1400$ を代入すると，$1400=35x$　　$x=40$

（　　40m　　）

---

5 グラフが通る点のうち，x 座標，y 座標とも整数になる点を読みとり，その値を(1)は比例の式，(2)は反比例の式に代入する。

6 (1)(2)点Pの x，y の値は，比例 $y=2x$ と反比例 $y=\dfrac{a}{x}$ の両方の式を成り立たせる。

(1)点Pを比例のグラフ上の点とみて，$y=2x$ に $y=6$ を代入する。

(2)点Pを反比例のグラフ上の点とみて，$y=\dfrac{a}{x}$ に $x=3$，$y=6$ を代入する。

(3)$a=18$ で正だから，$x<0$ のとき，x の値が増加すると y の値は減少する。

7 ロープの長さが2倍，3倍，…になると，重さも2倍，3倍，…になると考えられるから，ロープの重さは長さに比例する。

5日目 1次関数

要点 を確認しよう　p.22〜23

① (1) ① xの増加量　② 4　③ 8
　(2) ① -3　② 5　③ 4　④ 2

問題 を解こう　p.24〜25

1 (2)⚠注意 $x=3$ のときのyの値を求めて，$y=-16$ とするミスがある。求めるのはyの「増加量」である。

2 $y=ax+b$ で，$a<0$ のとき，グラフは右下がりの直線になる。

(1)傾き$-\dfrac{2}{3}$，切片-1の直線をかく。

(2)グラフは右下がりの直線だから，yの値は $x=-3$ のとき最大値をとり，$x=6$ のとき最小値をとる。

3 aは傾き，bは切片。aはグラフが右上がりか右下がりかで判断し，bはy軸との交点のy座標が正か負かで判断する。

4 y軸との交点に注目して切片を読みとり，そこから右へいくつ，下へいくつ進んだ点を通るかに注意して傾きを読みとる。

---

1 1次関数 $y=-7x+5$ について，次の問いに答えなさい。　5点×2 (10点)

(1) 変化の割合をいいなさい。

1次関数 $y=ax+b$ の変化の割合は一定で，aに等しい。

（　　-7　　）

(2) xの増加量が3のときのyの増加量を求めなさい。

1次関数 $y=ax+b$ で，(yの増加量)$=a×$(xの増加量)だから，$-7×3=-21$

（　　-21　　）

2 1次関数 $y=-\dfrac{2}{3}x-1$ について，次の問いに答えなさい。　5点×2 (10点)

(1) 右の図に，この関数のグラフをかきなさい。

切片が-1だから，グラフは点$(0,-1)$を通る。
また，傾きが$-\dfrac{2}{3}$だから，点$(0,-1)$から，右へ3，下へ2進んだ点$(3,-3)$を通る。

(2) xの変域が $-3≦x≦6$ のとき，yの変域を求めなさい。

$x=-3$ のとき，$y=-\dfrac{2}{3}×(-3)-1=1$
$x=6$ のとき，$y=-\dfrac{2}{3}×6-1=-5$

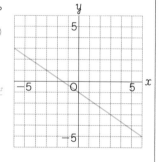

（　　$-5≦y≦1$　　）

3 右の図は，1次関数 $y=ax+b$ のグラフを表したものである。次のア〜エのうち，a，bの正負について正しく表しているものを1つ選び，記号で答えなさい。　(10点)

ア $a>0$, $b>0$　イ $a>0$, $b<0$
ウ $a<0$, $b>0$　エ $a<0$, $b<0$

グラフは右上がりだから，$a>0$
また，切片は負だから，$b<0$

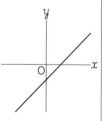

（　　イ　　）

4 右の図は，ある1次関数のグラフである。この1次関数の式を求めなさい。　(10点)

点$(0,2)$を通るから，切片は2
右へ3進むと下へ4進むから，傾きは$-\dfrac{4}{3}$

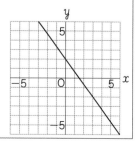

（　$y=-\dfrac{4}{3}x+2$　）

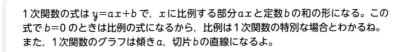

1次関数の式は $y=ax+b$ で，x に比例する部分 ax と定数 b の和の形になる。この式で $b=0$ のときは比例の式になるから，比例は1次関数の特別な場合とわかるね。また，1次関数のグラフは傾き a，切片 b の直線になるよ。

2 (1) ① $-\dfrac{1}{2}$　② 4　③ 3　④ 3　⑤ 4　⑥ 5　⑦ $-\dfrac{1}{2}x+5$

(2) ① 6　② 2　③ 2　④ 1　⑤ 3　⑥ 3　⑦ 1　⑧ 1　⑨ $2x+1$

---

5 次の1次関数や直線の式を求めなさい。　　　　　　　　　10点×4 (40点)

(1) グラフが点 $(2,\ 6)$ を通り，切片が -4 である1次関数

切片が -4 だから，式は $y=ax-4$ とおける。点 $(2,\ 6)$ を通るから，
$6=a\times 2-4$　　$2a=10$　　$a=5$

（　$y=5x-4$　）

(2) 直線 $y=-3x+1$ に平行で，点 $(-2,\ -1)$ を通る直線

平行な直線の傾きは等しいから，式は $y=-3x+b$ とおける。点 $(-2,\ -1)$ を通るから，
$-1=-3\times(-2)+b$　　$b=-7$

（　$y=-3x-7$　）

(3) 2点 $(-4,\ 5)$，$(8,\ -4)$ を通る直線

直線の傾きは $\dfrac{-4-5}{8-(-4)}=-\dfrac{3}{4}$ だから，式は $y=-\dfrac{3}{4}x+b$ とおける。点 $(8,\ -4)$ を通るから，
$-4=-\dfrac{3}{4}\times 8+b$　　$b=2$

（　$y=-\dfrac{3}{4}x+2$　）

(4) $x=2$ のとき $y=11$，$x=-3$ のとき $y=-\dfrac{3}{2}$ である1次関数

式を $y=ax+b$ とする。

$x=2$ のとき $y=11$ だから，$11=2a+b\cdots$① 　　$x=-3$ のとき $y=-\dfrac{3}{2}$ だから，$-\dfrac{3}{2}=-3a+b\cdots$②

①，②を連立方程式として解くと，$a=\dfrac{5}{2}$，$b=6$

（　$y=\dfrac{5}{2}x+6$　）

6 右の図の直線①の式は $y=-x+6$，直線②の式は $y=3x-2$ である。直線①と y 軸の交点をA，直線②と y 軸の交点をB，直線①と直線②の交点をCとする。次の問いに答えなさい。

10点×2 (20点)

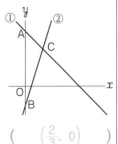

(1) 直線②と x 軸の交点の座標を求めなさい。

y 座標は0だから，$y=3x-2$ に $y=0$ を代入すると，
$0=3x-2$　　$3x=2$　　$x=\dfrac{2}{3}$

（　$\left(\dfrac{2}{3},\ 0\right)$　）

(2) △ABCの面積を求めなさい。

直線①，②の切片より，2点A，Bの座標は，A$(0,\ 6)$，B$(0,\ -2)$　　よって，AB$=6-(-2)=8$

また，点Cの座標は連立方程式 $\begin{cases} y=-x+6 \\ y=3x-2 \end{cases}$ を解いて，$x=2$，$y=4$ より，C$(2,\ 4)$

△ABCで，ABを底辺とすると，高さは，点Cから y 軸に垂直にひいた線の長さになる。これは点Cの x 座標に等しいから，2　　よって，△ABCの面積は，$\dfrac{1}{2}\times 8\times 2=8$

（　8　）

5 (2)平行な直線の傾きが等しいことは，入試でもよく出題される。しっかり覚えておこう。

(3)式を $y=ax+b$ とし，2点の座標から，
$\begin{cases} 5=-4a+b \\ -4=8a+b \end{cases}$
を解いて $a,\ b$ の値を求めてもよい。

(4)グラフが2点 $(2,\ 11)$，$\left(-3,\ -\dfrac{3}{2}\right)$ を通ることから傾きを求めてもよいが，座標に分数があるので計算が複雑になる。連立方程式を利用しよう。

6 (1)「x 軸との交点」→「y 座標が0」とすぐに連想できるようになろう。

(2)座標軸に平行な辺を底辺とすると計算しやすい。辺ABは y 軸上にあるから，これを底辺とする。なお，座標の目もりの単位の指定がないので，面積には cm^2 などの単位はつけない。

要点 を確認しよう　p.26〜27

① (1) ① 垂直二等分線　② B　③ AB
　 (2) ① 6　② 120　③ 4π

問題 を解こう　p.28〜29

1 基本の移動には, 平行移動,回転移動, 対称移動がある。

平行移動

回転移動

対称移動

2 (2)高さは底辺に対して垂直だから, 点AからBCにひいた垂線を作図すればよい。実際の高さAHは△ABCの外部にくるので, まず, 辺BCをBのほうに延長する。

3 2平面の位置関係は, 交わるか平行になるかのいずれか。面ア, イ, ウ, オは面Aと垂直に交わり, 面エは面Aと平行になる。

4 球の体積と表面積は, 求め方の公式を覚えること。

---

1 右の図のように, AB＜AD である長方形ABCDに, 対角線の交点Oを通る線分EG, FHをひいて合同な8つの直角三角形をつくる。次の問いに答えなさい。　5点×2 (10点)

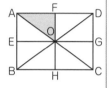

(1) △AOFを, 点Oを中心として180°回転移動させたとき, 重なる三角形をいいなさい。

180°回転移動(点対称移動)させると, 点Aは点Cに, 点Fは点Hに重なる。

（　　△COH　　）

(2) △AOFを, EGを対称の軸として対称移動させたとき, 重なる三角形をいいなさい。

点Aは点Bに, 点Fは点Hに重なる。

（　　△BOH　　）

2 次の作図をしなさい。　10点×2 (20点)

(1) ∠AOC＝∠BOC となる半直線OC

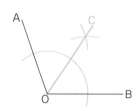

∠AOBの二等分線を作図する。

(2) △ABCで, 辺BCを底辺とするときの高さAH

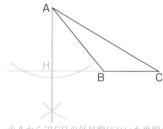

点Aから辺CBの延長線にひいた垂線を作図し, 交点をHとする。

3 右の図は, 立方体の展開図である。これを組み立ててできる立方体で, 面Aと平行になる面をア〜オから1つ選び, 記号で答えなさい。　(10点)

見取図は右のようになる。
立方体では向かい合う面が平行だから, 面Aと平行になるのは面エ。

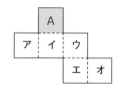

（　　エ　　）

4 半径が7cmの球の表面積を求めなさい。　(10点)

球の表面積を求める公式より,
　4π×7²＝196π(cm²)

（　　196π cm²　　）

中学の作図の問題では，定規とコンパスだけを使うよ。定規は直線をひくためだけに使い，コンパスは円をかいたり長さをうつしとったりするためだけに使うんだ。ものさしや分度器で，長さや角度を測ったりすることはしないので注意しよう。

2 (1) ① HG　② CG　③ FG　④ 4
　　 (2) ① 3　② 9π　③ 9π　④ 5　⑤ 15π
　　 (3) ① 3　② 12　③ 12　④ 48　⑤ 4　⑥ 6　⑦ 48　⑧ 6　⑨ 60

---

5 右の図は，ある立体の投影図である。立面図は高さ9cmの二等辺三角形であり，平面図は1辺8cmの正方形である。次の問いに答えなさい。

10点 × 2（20点）

(1) この投影図は，次のア〜エのどの立体を表したものか。1つ選び，記号で答えなさい。

　ア 三角柱　　イ 四角柱　　ウ 三角錐　　エ 四角錐

　立面図より，正面から見ると二等辺三角形。
　平面図より，真上から見ると正方形で，4つの面が
　1つの頂点に集まっていると読み取れる。
　右の見取図のような正四角錐になる。

（　　　エ　　　）

(2) この立体の体積を求めなさい。

　底面が1辺8cmの正方形で，高さが9cmの正四角錐だから，
　体積は，$\frac{1}{3} \times \underset{\text{底面積}}{8 \times 8} \times \underset{\text{高さ}}{9} = 192 (cm^3)$

（　　192cm³　　）

6 右の図の長方形ABCDを，辺ABを軸として1回転させてできる立体の体積を求めなさい。

(10点)

　底面の半径が4cmで高さが5cmの円柱ができる。
　体積は，$\underset{\text{底面積}}{\pi \times 4^2} \times \underset{\text{高さ}}{5} = 80\pi (cm^3)$

（　　80π cm³　　）

7 右の図は円錐の展開図で，側面のおうぎ形の半径は10cm，底面の半径は2cmである。次の問いに答えなさい。

10点 × 2（20点）

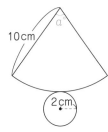

(1) 側面のおうぎ形の中心角を求めなさい。

　中心角を$a°$とする。
　おうぎ形の弧の長さは底面の円周に等しいから，
　$2\pi \times 10 \times \frac{a}{360} = 2\pi \times 2$　これを解くと，$a=72$

（　　72°　　）

(2) この円錐の表面積を求めなさい。

　側面積は，半径10cm，中心角72°のおうぎ形の面積を求めて，$\pi \times 10^2 \times \frac{72}{360} = 20\pi (cm^2)$
　底面積は，半径2cmの円の面積を求めて，$\pi \times 2^2 = 4\pi (cm^2)$
　したがって，表面積は，$\underset{\text{側面積}}{20\pi} + \underset{\text{底面積}}{4\pi} = 24\pi (cm^2)$

（　　24π cm²　　）

---

5 (1)立面図は正面から見た形，平面図は真上から見た形が表される。
(2)角錐の体積は，底面積が等しく高さも等しい角柱の体積の$\frac{1}{3}$になる。

6 底面の半径r，高さhの円柱の体積は，$\pi r^2 h$

7 (1)おうぎ形の弧の長さは中心角に比例するから，弧の長さと半径10cmの円周の比から，比例式をつくってもよい。中心角を$a°$とすると，
$(2\pi \times 2):(2\pi \times 10)$
$= a:360$
これを解いて，
$a=72$

(2)側面積は，中心角を使わずに求めることもできる。
側面積を$S cm^2$とすると，
$(2\pi \times 2):(2\pi \times 10)$
$= S:(\pi \times 10^2)$
これを解いて，
$S=20\pi$

要点 を確認しよう　　p.30〜31

❶ (1) ① 105　② 180　③ 75
　 (2) ① 40　② 40　③ 60

問題 を解こう　　p.32〜33

1 (3)補助線は，次のようにひいてもよい。

平行線の錯角は等しいから，
∠c＝45°
三角形の内角と外角の性質から，
∠x＝45°＋65°

2 (1)n角形の内角の和は，
180°×(n−2)
(2)多角形の外角の和は，何角形でも360°

3 (1)△ABCと△ADCの2つの二等辺三角形があることに注目して，二等辺三角形の底角が等しいことを利用する。
(2)平行四辺形は，2組の対辺がそれぞれ平行だから，辺ADとBCは平行。このことと，△ABEが二等辺三角形であることを利用する。

---

1 次の図で，∠xの大きさを求めなさい。ただし，(2)，(3)はℓ∥mである。　10点×4（40点）

(1)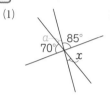

対頂角は等しいから，
∠x＝∠a
＝180°−(70°＋85°)
＝25°

（　　25°　　）

(2)

平行線の同位角は
等しいから，
∠a＝55°
三角形の内角と
外角の性質から，
∠x＝40°＋∠a
＝40°＋55°
＝95°

（　　95°　　）

(3)

平行線の錯角は
等しいから，
∠a＝45°，∠b＝65°
よって，
∠x＝45°＋65°
＝110°

（　　110°　　）

(4)

三角形の内角と外角の
性質から，
△AEDで，∠a＝∠x＋45°
△ECBで，∠a＝35°＋50°
よって，
∠x＋45°＝35°＋50°
∠x＝40°

（　　40°　　）

2 次の問いに答えなさい。　5点×2（10点）

(1) 十二角形の内角の和を求めなさい。
180°×(12−2)＝1800°

（　　1800°　　）

(2) 右の図で，∠xの大きさを求めなさい。

多角形の外角の和は360°だから，
∠x＝360°−(90°＋60°＋100°)＝110°

（　　110°　　）

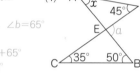

3 次の図で，∠xの大きさを求めなさい。　10点×2（20点）

(1) AB＝AC，DA＝DC

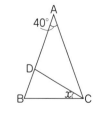

△ABCで，AB＝ACより，
∠ACB＝(180°−40°)÷2
＝70°
△ADCで，DA＝DCより，
∠DCA＝∠DAC＝40°
したがって，
∠x＝∠ACB−∠DCA
＝70°−40°
＝30°

（　　30°　　）

(2) 四角形ABCDは平行四辺形で，AB＝AE

△ABEで，∠AEB＝∠ABE＝68°
AD∥BCで，錯角が等しいから，
∠DAE＝∠AEB＝68°
△AFDで，∠x＝180°−(68°＋90°)＝22°

（　　22°　　）

平行線の同位角，錯角が等しいことはかならず覚えよう。角の大きさを求める問題だけでなく，証明でもたいへんよく利用されるよ。問題文で「平行」という条件を見たら，同位角や錯角をさがすようにしよう。

2 ① CE　② DC　③ CE　④ DEC　⑤ 2組の辺とその間の角　⑥ ≡　⑦ DC

3 ① 55　② 55　③ 70　④ 70

---

4 右の図のような AD∥BC の台形 ABCD がある。辺 DC の中点を E とし，線分 AE の延長と辺 BC の延長との交点を F とする。このとき，△AED≡△FEC であることを証明しなさい。　(10点)

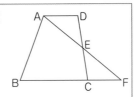

（証明）　△AED と△FEC において，
　　　　仮定から，
　　　　　DE＝CE…①
　　　　対頂角は等しいから，
　　　　　∠AED＝∠FEC…②
　　　　仮定から AD∥BF で，錯角が等しいから，
　　　　　∠ADE＝∠FCE…③
　　　　①，②，③より，1組の辺とその両端の角がそれぞれ等しいから，
　　　　　△AED≡△FEC

5 右の図のように，正方形 ABCD を頂点 B を中心として回転移動させ，A，C，D が移った点をそれぞれ E，F，G とする。また，辺 AD と辺 GF の交点を H とする。このとき，AH＝FH であることを証明しなさい。　(10点)

（証明）　△ABH と△FBH において，
　　　　仮定から，
　　　　正方形 ABCD と正方形 EBFG は合同な正方形だから，
　　　　　∠BAH＝∠BFH＝90°…①
　　　　　AB＝FB…②
　　　　また，BH は共通…③
　　　　①，②，③より，直角三角形の斜辺と他の1辺がそれぞれ等しいから，
　　　　　△ABH≡△FBH
　　　　合同な図形の対応する辺は等しいから，
　　　　　AH＝FH

6 右の図のように，平行四辺形 ABCD の辺 BC 上に点 E，辺 DC 上に点 F があり，BD∥EF である。次のア〜エのうち，△ABE と面積の等しい三角形をすべて選び，記号で答えなさい。　(10点)

ア　△DBE　　イ　△DBF　　ウ　△DEF　　エ　△DAF

AD∥BC より，△ABE＝△DBE
BD∥EF より，△DBE＝△DBF
AB∥DC より，△DBF＝△DAF

（　ア，イ，エ　）

---

4 三角形の合同条件
①3組の辺がそれぞれ等しい。
②2組の辺とその間の角がそれぞれ等しい。
③1組の辺とその両端の角がそれぞれ等しい。

5 直角三角形の合同条件
①斜辺と1つの鋭角がそれぞれ等しい。
②斜辺と他の1辺がそれぞれ等しい。

◀アドバイス　直角三角形の合同の証明では斜辺に注目。斜辺が等しいとわかるなら直角三角形の合同条件，そうでないなら三角形の合同条件を使う。

6 △ABE と△DBE は，底辺 BE が共通で高さが等しい。△DBE と△DBF は，底辺 DB が共通で高さが等しい。△DBF と△DAF は，底辺 DF が共通で高さが等しい。

要点 を確認しよう　p.34～35

❶ (1) ① 19　② 19　③ 18
　 (2) ① 5　② 30　③ 16　④ 19　⑤ 21

問題 を解こう　p.36～37

1 (1)(相対度数)

$=\dfrac{(その階級の度数)}{(度数の合計)}$

また，累積相対度数は，最初の階級からある階級までの相対度数の合計。

ア…20～26分の階級の度数を全体の人数でわった値が入る。

イ…最初の階級から14～20分の階級までの相対度数の合計が入る。

(2)度数折れ線では，両端に度数0の階級があるものとして結ぶ。

2 A店は，
最小値6個
第1四分位数10個
第2四分位数13個
第3四分位数15個
最大値17個
B店は，
最小値3個
第1四分位数9個
第2四分位数12個
第3四分位数16個
最大値19個

(3)(中央値)
　＝(第2四分位数)

---

1 右の表は，生徒20人の通学時間を調べた結果をまとめたものである。次の問いに答えなさい。

7点×6 (42点)

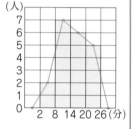

時間(分)	度数(人)	相対度数	累積相対度数
以上　未満			
2 ～ 8	2	0.10	0.10
8 ～ 14	7	0.35	0.45 ←
14 ～ 20	6	0.30	イ
20 ～ 26	5	ア	1.00
合計	20	1.00	

(1) 表のア，イにあてはまる数を求めなさい。

ア　$\dfrac{5}{20}=0.25$　　イ　0.10＋0.35＋0.30＝0.75

ア（　　0.25　　）　イ（　　0.75　　）

(2) ヒストグラムと度数折れ線を右の図にかき入れなさい。

(3) 最頻値を求めなさい。

8分以上14分未満の階級が7人でもっとも多いから，

最頻値はこの階級の階級値で，$\dfrac{8+14}{2}=11$(分)

（　　11分　　）

(4) 通学時間が14分未満の生徒の割合は何％か。

累積相対度数を見ればよい。

（　　45％　　）

2 右の箱ひげ図は，A店とB店における先月のある商品の販売数を表したものである。次の問いに答えなさい。

7点×3 (21点)

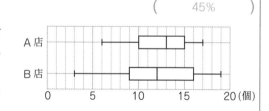

(1) A店の範囲を求めなさい。

最小値が6個，最大値が17個だから，
範囲は，17−6＝11(個)

（　　11個　　）

(2) B店の四分位範囲を求めなさい。

第1四分位数が9個，第3四分位数が16個だから，
四分位範囲は，16−9＝7(個)

（　　7個　　）

(3) 販売数の中央値が大きいのは，A店とB店のどちらか。

中央値は，A店が13個，B店が12個だから，A店のほうが大きい。

（　　A店　　）

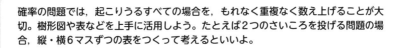

確率の問題では，起こりうるすべての場合を，もれなく重複なく数え上げることが大切。樹形図や表などを上手に活用しよう。たとえば2つのさいころを投げる問題の場合，縦・横6マスずつの表をつくって考えるといいよ。

2 ① 9　② 5　③ 6　④ 4　⑤ 7

3 ① 12　② 12　③ 12　④ $\frac{1}{3}$

---

3 右の図のような長方形があり，A，B，Cの3つの区画に分かれている。この区画を赤，青，黄を1色ずつ使って3色に塗り分けるとき，色の塗り方は何通りあるか求めなさい。　(7点)

右の樹形図のように，6通りある。

A　B　C｜A　B　C｜A　B　C
赤〈青―黄｜青〈赤―黄｜黄〈赤―青
　　黄―青｜　　黄―赤｜　　青―赤

（　6通り　）

4 正しくつくられたさいころを投げるときの目の出方について，次のア～エの説明から適切なものを1つ選び，記号で答えなさい。　(7点)

ア　6回投げるとき，1の目は少なくとも1回は出る。

イ　600回投げるとき，1の目はかならず100回出る。

ウ　1回投げて1の目が出た場合，次に投げるときに1の目が出る確率は$\frac{1}{6}$である。

エ　1回投げて1の目が出た場合，次に投げるときに1の目が出る確率は，2の目が出る確率より小さい。

　ア，イ…正しくつくられていても，出る目の回数が保証されているわけではない。
　ウ，エ…1の目が出た次に投げるときも，どの目が出る確率も等しく$\frac{1}{6}$である。

（　ウ　）

5 大小2つのさいころを投げるとき，次の確率を求めなさい。　8点×2(16点)

(1)　出た目の数の和が4になる確率

　2つのさいころの目の出方は，6×6＝36(通り)
　出た目の数の和が4になるのは，
　〔大，小〕＝〔1，3〕，〔2，2〕，〔3，1〕の3通り。$\frac{3}{36}＝\frac{1}{12}$

（　$\frac{1}{12}$　）

(2)　大きいさいころの出た目の数をa，小さいさいころの出た目の数をbとするとき，$\frac{a}{b}$が整数となる確率

　bがaの約数のときだから，

　右の表の○をつけた14通り。$\frac{14}{36}＝\frac{7}{18}$

（　$\frac{7}{18}$　）

6 赤玉が2個，白玉が1個入っている袋の中から，同時に2個の玉を取り出す。取り出した玉が，赤玉と白玉である確率を求めなさい。　(7点)

　赤玉を❶❷，白玉を③とする。2個の玉の取り出し方は，(❶，❷)，(❶，③)，(❷，③)の3通り。
　このうち，取り出した玉が赤玉と白玉となるのは，下線をつけた2通り。
　したがって，求める確率は，$\frac{2}{3}$

（　$\frac{2}{3}$　）

---

4 正しくつくられたさいころは，どの目が出ることも同様に確からしい。さいころを1回投げるとき，目の出方は1から6までの6通りあるから，1の目が出る確率は$\frac{1}{6}$

ただし，確率は起こりやすさの程度を表す数であり，6回投げれば1の目がかならず1回出るというわけではない。

5 2つのさいころを使った確率の問題は，入試でもよく出題される。しっかり練習しよう。

6 取り出した2個の玉については，その組み合わせを考えればよいので，(❶，❷)と(❷，❶)は同じことを表している。よって，2個の玉の取り出し方は全部で3通りになる。

8日間ふりかえりシート

このテキストで学習したことを，❶～❸の順番でふりかえろう。

❶ 各単元の 問題を解こう の得点をグラフにしてみよう。
❷ 得点をぬったらふりかえりコメントを書いて，復習が必要な単元は復習の予定を立てよう。
復習が終わったら，実際に復習した日を記入しよう。
❸ すべて終わったら，これから始まる受験に向けて，課題を整理しておこう。

❶ 得点を確認する

	学習日		0	10	20	30	40	50	60	70	80	90	100
1日目	/	正負の数 / 式の計算											
2日目	/	方程式											
3日目	/	連立方程式											
4日目	/	比例と反比例											
5日目	/	1次関数											
6日目	/	平面図形 / 空間図形											
7日目	/	平行と合同 / 三角形と四角形											
8日目	/	データの活用 / 確率											

0点 ～ 50点	51点 ～ 75点	76点 ～ 100点
＼ファイト！／	＼もう少し！／	＼合格◎／

▶ 得点と課題

0点 ～ 50点 復習しよう！
まだまだ得点アップできる単元です。「要点を確認しよう」を読むことで知識を再確認しましょう。確認ができたらもう一度「問題を解こう」に取り組んでみましょう。

51点 ～ 75点 もう少し！
問題を解く力はあります。不得意な内容を集中的に学習することで，さらに実力がアップするでしょう。

76点 ～ 100点 合格◎
問題がよく解けています。「要点を確認しよう」を読み返して，さらなる知識の定着を図りましょう。

②の記入例

ふりかえりコメント	復習予定日	復習日	点数	
苦手意識あり。攻略のカギを読み直して,もう一度「問題を解こう」を解く!	6月10日	6月13日	90/100点	1日目
				2日目

❷ ふりかえる

ふりかえりコメント	復習予定日	復習日	点数	
	月　日	月　日	/100点	1日目
	月　日	月　日	/100点	2日目
	月　日	月　日	/100点	3日目
	月　日	月　日	/100点	4日目
	月　日	月　日	/100点	5日目
	月　日	月　日	/100点	6日目
	月　日	月　日	/100点	7日目
	月　日	月　日	/100点	8日目

❸ 受験に向けて，課題を整理する

受験勉強で意識すること

-
-
-
-

受験勉強では苦手を
つぶせるかが勝負！
何を頑張るか,
見える化しておこう！

ぼくは毎日
計算を10問解く！

10 9 8 7 6 5 4 3   * * D C B A